AF238641

STEFANIE PUCKETT

DER CODE AGILER ORGANISATIONEN

DAS PLAYBOOK FÜR DEN WANDEL ZUR AGILEN ORGANISATIONSKULTUR

BusinessVillage

Stefanie Puckett
Der Code agiler Organisationen
Das Playbook für den Wandel zur agilen Organisationskultur
1. Auflage 2020
© BusinessVillage GmbH, Göttingen

Bestellnummern
ISBN 978-3-86980-482-8 (Druckausgabe)
ISBN 978-3-86980-483-5 (E-Book, PDF)

Direktbezug www.BusinessVillage.de/bl/1081

Bezugs- und Verlagsanschrift
BusinessVillage GmbH
Reinhäuser Landstraße 22
37083 Göttingen
Telefon: +49 (0)5 51 20 99-1 00
Fax: +49 (0)5 51 20 99-1 05
E-Mail: info@businessvillage.de
Web: www.businessvillage.de

Layout und Satz
Sabine Kempke

Illustration auf dem Umschlag
Buffaloboy, https://stock.adobe.com/de

Druck und Bindung
www.booksfactory.de

Inhalt

Über die Autorin

Dr. Stefanie Puckett ist promovierte Diplom-Psychologin mit Forschungshintergrund. Sie lebte und arbeitete global für mehrere Unternehmensberatungen, in Management- und globaler Rolle für eine Fortune-500-Firma, und führte ihr eigenes Unternehmen.

Sie arbeitete mit über fünfhundert Führungskräften und leitete mehrere hundert Workshops, Seminare, Coachings und Beratungsprojekte. Sie ist überzeugt davon, dass Veränderung immer mit dem Menschen beginnt. Als Beraterin und Executive Coach nutzt sie wissenschaftlich fundierte Thesen um Herausforderungen auf den Grund zu gehen.

Kontakt
E-Mail: stefanie.puckett@agilethroughculture.com
Web: agilethroughculture.com

Vorwort von Professor Michael Wade

Es steht für mich außer Frage, dass der kulturelle Wandel die größte Herausforderung ist, vor der Unternehmen stehen, wenn es um digitale Disruption geht. Führungsteams haben viel Zeit, Energie und Geld für die digitale Seite der digitalen Transformation aufgewendet, aber der Transformationsseite viel weniger Aufmerksamkeit geschenkt. Und wenn es um die Transformation geht, ist der kulturelle Wandel der Schlüssel. Das Versäumnis, sich mit dem kulturellen Wandel auseinanderzusetzen, ist meiner Meinung nach der Hauptgrund dafür, dass die meisten digitalen Transformationsmaßnahmen die Ziele nicht erreichen. Es reicht jedoch nicht aus, nur anzuerkennen, dass die Kultur sowohl ein Blockierer als auch ein Befähiger der Transformation sein kann – Führungskräfte müssen wissen, wie sie den kulturellen Wandel vorantreiben können. Oder, genauer gesagt, sie müssen eine Kultur in ihren Organisationen aufbauen, die sich an Veränderungen anpassen kann. Das heißt, eine Kultur, die in der Lage ist, sich mit der Veränderung der Umgebung zu verändern, mit anderen Worten: »Wie kann man eine agile Kultur aufbauen?«

Diese Frage steht im Mittelpunkt dieses Buches und Stefanie Puckett hat einen rigorosen Ansatz zur Beantwortung gewählt. Ihr Transparenz-Empowerment-und-Kollaboration-Modell bietet eine starke Lupe, durch die der kulturelle Wandel genau betrachtet und durchgeführt werden kann. Das Buch *Der Code agiler Organisationen* schlägt eine Brücke zwischen Theorie und Praxis und erstellt einen durchdachten und nützlichen Blueprint, der voller praktischer Beispiele, Checklisten und Kulturveränderungshacks ist. Es ist ein äußerst nützliches Werkzeug für jeden, der sich in der kniffligen Welt des Kulturwandels in Organisationen besser zurechtfinden will.

Michael Wade, Professor für Innovation and Strategy bei IMD,
Vorsitzender für Digital Business Transformation bei Cisco,
Direktor des Global Center for Digital Business Transformation

Vorwort und Einleitung

»Die einzige Konstante im Universum ist die Veränderung.«

Heraklit (535–475 vor Christus), Philosoph

Die Transformation zum Erreichen von Agilität erfordert eine Kultur im Unternehmen, die auf die zentralen agilen Prinzipien ausgerichtet ist oder diese unterstützt. Dies gilt für die Implementierung agiler Methoden, die Umsetzung agiler Prinzipien oder die Erreichung organisationaler Agilität.

Forscher und Praktiker sind sich einig – Kultur ist die höchste Hürde, die es zu bezwingen gilt, und sie ist der größte Hebel. Es ist die Kultur, die Innovation vorantreibt, Anpassungsfähigkeit ermöglicht, das Unternehmen und seine Wettbewerber auf Trab hält.

Natürlich gehört mehr dazu, eine agile Organisation zu werden, als nur Kultur. Sinnzweck? Vielleicht. Der Sinn einer Organisation (oft Purpose genannt) ist oder wird gefunden/identifiziert. Vision? Vielleicht. Eine Vision ist oder wird definiert und wird in Stein gemeißelt. Strategie? Struktur? Sowohl Strategie als auch Struktur werden idealerweise nicht konstruiert. Sie entstehen vielmehr, entwickeln sich. Wie das weit verbreitete Zitat »Kultur isst Strategie zum Frühstück« nahelegt, entwickelt sich die Strategie aus und durch die Kultur. Die besten Strukturen entwickeln sich ebenfalls aus der Organisation und ihrer Unternehmenskultur.

Die eigentliche Baustelle, die den Fokus eines Unternehmens erfordert, ist die Organisationskultur. Und ihre Bedeutung wird in Zukunft noch weiter zunehmen. Die Macht wird dezentralisiert, die Managementverantwortung wird geteilt, wenn sie nicht ganz auf die Teams übertragen wird. Anpassungen erfolgen an den Rändern des Unternehmens durch daten- und feedbackbasierte Selbststeuerung. Kommando und Kontrolle verlieren ihre Effektivität im Navigieren der Produktivität. Mehr noch, sie gefährden Fortschritt und begrenzen die Leistung. Es ist Kultur, die den Befehl durch Inspiration, Information und Orientierung ersetzt. Es ist Kultur, die das Bedürfnis nach Kontrolle durch lebendige, iterative, selbstkorrigierende und lernende Systeme ersetzt. Die richtige Kultur ist Anker, Befähiger und Steuermann für langfristigen Erfolg.

Aber kann eine solche Kultur entwickelt werden? Kann sich Unternehmenskultur ändern? Wie? Und wie sieht eine agile Kultur aus?

Dieses Buch will die Leser inspirieren und ausrüsten, ein Team, eine Abteilung, eine Organisation zu transformieren. Und, vielleicht am wichtigsten, einen Beitrag zur Selbstentwicklung leisten. Denn die Veränderung von Organisationen und anderen Menschen zu wollen, ohne die eigenen Gewohnheiten, eigene Verhaltensweisen und Haltungen auf den Prüfstand zu stellen, ist ein wenig aussichtsreiches Vorhaben.

Aber warum Wandel? Warum Agilität?

Die Digitalisierung bietet neue Geschäftsmöglichkeiten und ermöglicht Disruption auf vielen Märkten. Sie stellt für bisherige Marktteilnehmer eine Bedrohung dar. Gleichzeitig eine Chance. Nicht nur für Start-ups. Start-ups haben ein paar kluge Köpfe mit kreativen Ideen, doch wie viele kluge Köpfe hat Ihr Unternehmen?

Viele meinen, sie können mit Start-ups nicht mithalten. Doch die gefühlte und tatsächliche Faktenlage zeichnet ein anderes Bild. Mittelständische und große Unternehmen können mithalten. Sie haben sogar Vorteile gegenüber Start-ups: Viel mehr kluge Köpfe, Markenbekanntheit, Zugang zu Kapital und Kunden, um nur einige zu nennen. Die Bedingungen sind ausgezeichnet. Dennoch werden viele große Unternehmen von schnelleren Konkurrenten überholt, die weit weniger Pferdestärken unter der Haube haben. Das liegt daran, dass große Unternehmen sich schwertun, die eigenen Stärken auf die Straße zu bringen. Etablierten Organisationen fällt es schwer, sich an die neuen Anforderungen und Bedingungen anzupassen und sich – wo nötig – neu zu erfinden.

Wenn nur …

Haben Sie das Gefühl, dass Sie so viel mehr für die Organisation, für den Kunden erreichen könnten, wenn nur (füllen Sie die Lücke)?

Nutzt das Unternehmen die vielen Augen und Ohren auf dem Markt? Nutzt die Organisation die Vorteile der großen Datenmengen, die sie besitzt oder auf die sie zugreifen könnte? Ist sie in der Lage, die Ressourcen des Unternehmens – vor allem die menschlichen – zu nutzen, um Chancen zu erkennen, die richtigen Entscheidungen zu treffen und schnell umzusetzen, um einen Fußabdruck zu sichern, bevor der neue Weg überlaufen ist?

Ist Ihr Team in der Lage, einen Unterschied zu machen? Ist es motiviert und inspiriert, über das Erfüllen der Rollen und Erledigen der Aufgaben hinauszugehen? Ist Ihr Team dafür gerüstet, seine kollektive Kapazität zu nutzen, um sich auf Wertschöpfung, Verbesserung und Fortschritt zu konzentrieren? Ist Ihr Team befähigt, die Verantwortung für die Lösung von Problemen zu übernehmen? So nicht nur Kundenbedürfnisse zu erfüllen, sondern Erwartungen zu übertreffen und den Kunden zu begeistern? Könnte und würde das Team, wenn nur (füllen Sie die Lücke)?

Die richtige Kultur zu schaffen beginnt damit, die Wenn-nur-Lücke zu füllen. Um dabei zu helfen, bietet dieses Buch erstmals einen Rahmen für das Denken und Gestalten einer agilen Organisationskultur, das TEC-Modell. Denn bei aller Komplexität, die in der Zusammenarbeit von Menschen und damit in Fragen der Unternehmenskultur lauert, gibt es doch, was sehr erfreulich und hoffnungsvoll ist, Zusammenhänge und Mechanismen, an denen sich das eigene Handeln und Gestaltungsversuche einer agilen Kultur ausrichten können. Die zugrunde liegende Logik und die Gesetze der agilen Kultur werden veranschaulicht, um ein Verständnis dafür zu schaffen, wie Kultur geformt, disruptiert und zum Wachstum gebracht werden kann.

Das Buch führt Schritt für Schritt durch die Elemente einer agilen Kultur. Beispiele, Leitfäden sowie Hack-Sammlungen sollen Organisationen, Teams und Einzelpersonen helfen, aktiv zum Aufbau der besten zukünftigen Version des Unternehmens beizutragen.

Entwicklung und Veränderung einer Kultur ist etwas, das wir alle erreichen können. Unabhängig davon, wo man sich in einem Unternehmen befindet, man ist Teil des Systems, Teil der Kultur. Manchmal reicht eine Handvoll interner Aktivisten, Rebellen oder nur ein oder zwei Teams, die ein zukunftsschaffendes Prinzip leben, aus, um den Wandel auf breiter Ebene zu initiieren. Oft sind es kleine Dinge, die einen großen Einfluss haben.

Dieses Buch will motivieren, inspirieren und dafür ausrüsten, die Transformation in die eigenen Hände zu nehmen. Unabhängig davon, wo Sie in der Organisation sitzen, können Sie die Person sein, die das Feuer entfacht, die Teil des Motors der Transformation ist, die Ideen einbringt, die richtigen Leute zusammenbringt oder auch das Lenkrad für ihren Bereich hält.

1.
Im Kern organisationaler Agilität

»[...] du brauchst Agilität, um deine Füße schnell zu bewegen und zur richtigen Zeit am richtigen Ort zu sein.«

Michelle Carter, Olympiasiegerin (übersetzt)

Unsere tayloristischen Organisationsmodelle der Vergangenheit und weitläufigen Gegenwart sind nicht auf Agilität ausgerichtet. In der tayloristischen Welt werden Organisationen als hocheffiziente Maschine gebaut, in der alle Zahnräder in einem starren System perfekt ineinandergreifen und die zuverlässig die Produkte oder Dienstleistungen des Unternehmens produziert. Selbst wenn sich der gewünschte Output ändert, wird innerhalb der bestehenden Mauern und Strukturen so lang modifiziert, bis die Firmenmaschine in der Lage ist, eine neue Strategie umzusetzen.

Was passiert aber, wenn wir den gewünschten Output, das Produkt oder den Service, nicht im Voraus abschließend definieren können? Wenn eine Strategie ständigen Kurskorrekturen und Anpassungen unterworfen ist? Wenn die Komplexität die Verarbeitungsfähigkeit einer Handvoll strategischer Köpfe an der Spitze übersteigt? Wenn die Spitze der Pyramide plötzlich zu weit vom Boden entfernt und zu isoliert vom Ökosystem des Unternehmens ist?

Das stabile Skelett, Garant für Effizienz und Qualität des Unternehmens, wird zu einem Käfig, zu starren Zügeln des Potenzials. Um nur einige einschränkende Faktoren zu nennen: zentralisierte Entscheidung, Arbeiten in Silos, das Trennen von Denken und Ausführen, die Fokussierung auf das Beschützen des Bestehenden.

Zentralisierte Kontrolle, zentralisierte Entscheidungsfindung. Der Rest der Organisation – die Basis, die dem Kunden gegenübersteht, die sich auf dem Markt bewegt, die ihr Handwerk beherrscht, wo der Erfolg entschieden wird – wird zu Befehlsempfängern reduziert, denen die Möglichkeit, selbstständig auf veränderte Umstände zu reagieren, entzogen wird. Die Reaktionsfähigkeit ist eingeschränkt. Denn bevor von oben Reaktionen ausgelöst werden, muss Signal um Signal von unten hierarchische und bürokratische Hürden auf dem Weg nach oben durch den Informationsfilter überwinden. Ist das passiert, werden die Reaktionen in unzähligen Informations- und Entscheidungskanälen verlangsamt und verwässert. Kommt die Entscheidung dann vom Problem isoliert unten an, wird sie oft von Skepsis, passivem Widerstand und den üblichen langsamen Rädern der Veränderung begrüßt.

Die sich schnell verändernde und zunehmend komplexe und vernetzte Welt macht es heute unmöglich, den idealen Output im Voraus zu identifizieren. Es ist nicht möglich, eine Zehnjahresstrategie zu definieren, einige Schrauben und Schaltpunkte anzupassen, die Firmenmaschine einzuschalten und sich dann zurückzulehnen.

Was ist die Alternative? Obwohl gerne gepredigt wird, agil zu werden, ist das per se noch keine Lösung. Agil werden ist nicht einmal das wirkliche Ziel. Das eigentliche und existenzielle Ziel ist, in den heutigen Märkten wettbewerbsfähig zu bleiben. Es geht darum, das Unternehmen in seine beste, zukunftssichere Version zu verwandeln. Die Frage ist daher nicht, was Unternehmen anders machen müssen. Unternehmen müssen anders sein: Die Organisationsmaschine hat ausgedient.

Organisationale Agilität

»Ich kann kaum erwarten, dass Leute endlich erkennen, dass die einzig guten Aspekte von Agilität nicht mehr sind als einfach Common Sense [...].«
Luke Halliwell, ehemaliger Spieleentwickler, 2008 (übersetzt)

Unternehmen müssen heute wachsam sein, vielseitig und wendig. Sie müssen in der Lage sein, sich anzupassen und darüber hinaus mehrere Schritte vorauszudenken. Sie müssen klug sein. Und schnell. Es ist organisatorische Agilität, die hilfreich oder sogar notwendig ist, um die neue Version eines Unternehmens zur Sicherung seiner Existenz zu realisieren.

Organisatorische Agilität kann als Fähigkeit und Bereitschaft zur schnellen Reaktion auf sich verändernde Umstände durch Anpassung beschrieben werden. Die Agile Alliance ergänzt diese Grunddefinition mit dem Erspüren von Veränderungen: »Geschäftsagilität ist die Fähigkeit eines Unternehmens, interne und externe Veränderungen zu erkennen und darauf zu reagieren, um Mehrwert für seine Kunden zu schaffen.« Was das für das Unternehmen bedeutet, drückt sich in McKinseys Definition aus: »Die Fähigkeit, Strategie, Struktur, Prozesse, Menschen und Technologie schnell neu zu konfigurieren, um wertschöpfende und wertschützende Möglichkeiten zu schaffen.«

Eine globale Umfrage von *The Economist* (Economist Intelligence Unit) zeigte bereits 2009, dass neun von zehn Führungskräften organisatorische Agilität als kritischen Faktor für den Geschäftserfolg betrachten. Neuere Umfragen bestätigen das Bild (zum Beispiel Project Management Institute 2015, Global Center of Digital Business Transformation 2017, mehrere McKinsey-Umfragen der letzten Jahre). Eine Reihe verschiedener internationaler Studien zeigt auch den Nutzen klar und belegt einen Zusammenhang zwischen organisatorischer Agilität und Unternehmensleistung, wie Joiner (2018) in einem wissenschaftlichen Artikel zusammenfasst: Mehr Agilität in Unternehmen ist mit mehr Erfolg verbunden – hinsichtlich Marktanteil, Umsatzwachstum, Rentabilität und Kundenzufriedenheit.

Um dies zu erreichen, reicht es wie erwähnt nicht aus, Dinge anders zu machen. Unternehmen müssen anders sein: Organisatorische Agilität erfordert einen Herzschlag.

Es ist der Puls, der die Organisation zu einem lebenden Organismus macht, der in ständiger Interaktion mit seiner Umwelt und eng mit seinem Ökosystem verbunden lebt. Der Herzschlag hält das Blut in Bewegung, liefert den Sauerstoff dorthin, wo er gebraucht wird. Der Organismus ist beweglich, schiebt sein Gewicht schnell und einfach von einem Fuß auf den anderen, passt sich immer wieder an, um voranzukommen.

Wie sich der Organismus verhält, wie er funktioniert, wird durch seine Kultur bestimmt. Da wären wir. Im Herzen der organisatorischen Agilität.

Wenn es darum geht, organisatorische Agilität zu erreichen, scheinen nur wenige allgemeine Regeln zu gelten. Betrachtet man Fälle von agil geborenen oder transformierten Organisationen, scheinen es vor allem die folgenden drei Bedingungen zu sein:

Drei allgemeine Bedingungen für eine agile Organisation

Eine inspirierende Vision und/oder ein Sinnzweck mit einer langfristigen Orientierung, die mit dem Begeistern von Kunden verbunden ist.

Eine Kultur, die auf das Schaffen von Wert, auf Selbstständigkeit, Unternehmertum, Flexibilität und Innovation fokussiert.

Eine Struktur und Führung, die Dynamik im Aufspüren und Erkunden von Chancen und entsprechendes schnelles Handeln erlaubt.

Im Mittelpunkt nachhaltiger organisatorischer Agilität steht eine agile Unternehmenskultur. Kultur ist Auslöser, Schöpfer, Befähiger und Stabilisator. Wenn jedoch Störfaktoren ignoriert werden und Struktur und Steuerung im Widerspruch zu einer agilen Kultur stehen, wird sie nicht überleben. Täuschen Sie sich nicht: Ohne eine befähigende Struktur und Unternehmensführung kann organisatorische Agilität nicht erreicht werden. Allerdings kommt diese an zweiter Stelle.

Umfragen aus bekannten Quellen wie dem *Fortune Magazine* oder McKinsey (Kimes 2009; Aronowitz/De Smet/McGinty 2015) kommen zu dem Schluss, dass die erfolgreichsten (im Falle von *Fortune* die am meisten bewunderten) agilen Unternehmen überraschend wenig gemeinsam haben, was Struktur und Verwaltung angeht. Die Kultur steht daher im Mittelpunkt jeder Transformation. Aus ihr heraus entwickelt sich das betriebliche Miteinander in

Form von Richtlinien und Vorschriften und sogar die Struktur entsteht letztlich aus der Kultur organisch. Die resultierende Organisationsform ist individuell. Es gibt also nicht die eine bestimmte agile Organisationsstruktur.

In der Literatur herrscht breite Übereinstimmung darüber, dass die Unternehmenskultur die wichtigste und zugleich größte Herausforderung in einer agilen Transformation ist. Das gilt schon im Kleinen auf der Projektebene. Eine Kultur, die agile Arbeitsweisen nicht unterstützt, ist auch einer der häufigsten Gründe dafür, dass einzelne agile Projekte scheitern, wie das Project Management Institute (PMI) betont.

Eine Kulturtransformation, die die passenden Denkweisen und Haltungen anregt, ermöglicht und unterstützt, ist ein Muss. Um es mit McKinsey (Brosseau 2019) zu sagen: »Die Bedeutung von Investitionen in Kultur und Wandel auf dem Weg zur Agilität kann nicht genug betont werden. Agil ist vor allem ein Mindset.«

Es gilt: Organisatorische Agilität wird durch das Schaffen und das Leben einer Kultur erreicht, in der der Mensch im Mittelpunkt steht, inspiriert, motiviert und befähigt wird, in der Potenziale genutzt werden und Verantwortung geteilt wird. Der Blick ist auf den Kunden gerichtet. Es entstehen Strukturen, die um motivierte Menschen herum geschaffen und kontinuierlich überprüft und angepasst werden, um kulturbedingte Höchstleistungen zu erreichen.

2.
Organisationskultur verstehen

Verschränken Sie die Arme vor der Brust. Wenn Sie Rechtshänder sind, liegt Ihr rechter Arm wahrscheinlich auf dem linken Arm. Jetzt wechseln Sie. Der andere Arm liegt oben. Wie fühlt sich das an? Normalerweise unbequem, irgendwie falsch. Bleiben Sie in der Position. Wetten, dass das gar nicht so einfach gelingt? Etwa nach fünf bis zehn Minuten lässt sich meistens beobachten, wie die alte Position wieder eingenommen wird, unbewusst. Mit Kultur ist es nicht anders. Denn Kultur im Sinne von Arbeits- und Unternehmenskultur ist nichts anderes als die Art und Weise, wie wir die Dinge bevorzugt handhaben. Rechter Arm auf dem linken Arm? Dann haben Sie eine Rechtsarmkultur. Sie kündigen einen Wechsel zu einer Linksarmkultur an? Wirkt unpassend, unangenehm und hält – wenn überhaupt, ein paar Wochen, maximal ein paar Monate. Der Alltag kehrt ein und Sie sind in Ihrer Komfortzone – der Rechtsarmkultur –, noch bevor Sie es merken.

Was ist Organisationskultur?

Die Organisationskultur oder Unternehmenskultur ist »ein Muster gemeinsamer Grundannahmen, die die Gruppe beim Lösen von Problemen der externen Anpassung und der internen Integration gelernt hat, die gut genug funktionieren, um als valide angesehen zu werden und daher neuen Mitgliedern als richtiger Weg gelehrt zu werden, bezogen auf solche Probleme wahrzunehmen, zu denken und zu fühlen.« (Schein 1984)

Klingt nicht einfach und klingt vor allem nicht danach, als ob die Kultur einfach fassbar wäre. Und dieser Eindruck ist zutreffend. Es gibt aus wissenschaftlicher Sicht fünf zentrale, grundlegende Arbeitsannahmen zum Kulturbegriff:

1. Kultur ist komplex.
2. Kultur ist ein Produkt aus Konsequenzen.
3. Kultur manifestiert sich in ungeschriebenen Regeln.
4. Kultur ist zäh, hartnäckig, schwerfällig.
5. Kultur kann in ihre Elemente zerlegt werden, die jeweils auf einem Kontinuum liegen. Kulturwandel bedeutet, das Pendel auf diesem Kontinuum zu bewegen.

Die Auswirkungen werden im Folgenden auf einen Blick zusammengefasst und im Laufe des Kapitels aufgegriffen.

Annahme: Kultur ...	Was sich daraus lernen lässt	Was es für die Anwendung bedeutet
... ist komplex	Es ist nicht immer möglich, alle Facetten und Implikationen der Kultur zu verstehen und zu überblicken. Es ist nicht möglich, einen Entwurf der neuen Kultur zu erstellen, bevor man sich mit dem Wandel beschäftigt. Es braucht viele Köpfe, um Kultur zu erfassen, viele Perspektiven, viel Zuhören und Dialog.	Kulturwandel muss iterativ angegangen, kontinuierlich überprüft und angepasst werden. Kulturwandel braucht eine langfristige Ausrichtung, doch Fahren auf Sicht. Der Kulturwandel muss inklusiv sein, andere einbeziehen und gemeinsames Lernen ermöglichen.
... ergibt sich aus Konsequenzen	Das Handeln nach den neuen Prinzipien muss zu Erfolg und Belohnung führen. Dies verstärkt die neuen Annahmen, Ansätze und Verhaltensweisen. Die gemeinsame Ausrichtung ist entscheidend. Struktur und Führung der Organisation müssen im Einklang mit den neuen Kulturprinzipien stehen. Führungskräfte müssen Vorbilder sein. Widersprüche führen zu den falschen Konsequenzen und damit zu den falschen kollektiven Annahmen.	Von Anfang an gilt es, Belohnungssysteme, Wertschätzung und Förderung und Aufstieg mit den neuen Ansätzen und Verhaltensweisen zu verknüpfen. Es gilt aufzuzeigen, wie die neuen Kulturprinzipien zu mehr Erfolg für Einzelpersonen, Teams und die Organisation führen und wie alle davon profitieren. Es braucht Influencer, Botschafter und Führungskräfte, um das neue Verhalten vorzuleben.

Annahme: Kultur ...	Was sich daraus lernen lässt	Was es für die Anwendung bedeutet
... hat ungeschriebene Regeln	Wie schreibt man eine ungeschriebene Regel um? Kultur passiert unausgesprochen. Oft fehlt es an Worten, um eine Kultur zu beschreiben. Um eine Kultur zu verstehen, muss man Symbole, Verhalten und inoffizielle Machtverteilungen beobachten.	Es hilft, ungeschriebene Regeln explizit zu machen, indem man sie aufschreibt. (Zum Beispiel: »Wir fragen immer zuerst nach Genehmigung.«) Ein Modell kann eine gemeinsame Sprache liefern, Kultur wird explizit und debattierbar. Symbole und Verhaltensweisen sind dabei aufzugreifen. Die Definition neuer Prinzipien und Regeln ist wichtig im Kulturwandel, da sie alte ungeschriebene Annahmen behandelt.
... ist zäh	Kulturwandel braucht Zeit und Geduld. Kultur zu entwickeln erfordert Ausdauer und Durchhaltevermögen. Kulturelles Wachstum erfordert viel Energie und Fokus und muss priorisiert und entsprechend ausgestattet werden.	Die richtigen Erwartungen müssen formuliert werden: Es wird Zeit brauchen. Es wird Rückfälle geben. Es ist harte Arbeit. Es braucht Grundregeln: Es gilt, sich gegenseitig zu erinnern, zu unterstützen und sich zur Verantwortung zu ziehen.

Annahme: Kultur ...	Was sich daraus lernen lässt	Was es für die Anwendung bedeutet
... kann über Kontinua abgebildet werden	Eine Kultur entwickelt sich nicht von schlecht zu gut. Nicht von null zu hundert. Im Kontinuum »Stabilität« zum Beispiel könnte sich ein Unternehmen nah am linken Pol (»Struktur und Regulierung«) in Richtung des rechten Pols bewegen (»Flexibilität«). Die Kultur, wie sie heute ist, hat Wert – Wert haben je beide Pole. Um organisatorische Agilität zu erreichen, muss sich das Pendel in Richtung des jeweils agilitätsverwandten Pols bewegen.	Es ist wichtig, das Positive der gegenwärtigen Kultur sowie ihren Beitrag zum Erfolg des Unternehmens zu würdigen. Die gegenwärtige Kultur sollte nicht verdammt, sondern geprüft werden. Würde ein Schritt entlang des Kontinuums der zukünftigen Leistung des Unternehmens und der Zufriedenheit am Arbeitsplatz dienen? Kontinua zeigen viele Positionen zwischen den Extremen.

Lassen wir die Aussage, dass Kultur komplex ist, zunächst einmal so stehen und blicken für ein besseres Verstehen auf die nächste Grundannahme. Es geht um Konsequenzen: Tue ich A, passiert B.

2.1 Bei Kultur geht es um Konsequenzen

Konsequenzen geben Handlungen Bedeutung. Kultur ist eine gemeinsame Deutung eines Verhaltens. Am Anfang jeder Kultur stehen Erfahrungen, die Annahmen formen. Bei diesen kollektiven Erfahrungen geht es vor allem um zwei Aspekte:

1. Welche Verhaltensweisen werden belohnt oder führen zu positiven Ergebnissen (zum Beispiel bei der Problemlösung)?
2. Welche Verhaltensweisen werden bestraft, sind unwirksam oder haben andere negative Folgen?

Das Sammeln von Erfahrungen ist der eine Aspekt beim Aufbau einer Kultur. Der zweite Aspekt ist das Beobachten oder stellvertretende Erleben. Sobald wir in eine Gruppe kommen, beobachten wir deren Verhalten davon ausgehend, dass es Gründe hat. Was wir in einer Gruppe sehen, akzeptieren wir als ihre Norm.

Wir lernen also eine Kultur. Am besten lernen wir, indem wir zusehen und imitieren. Hier kommen nun Führungskräfte ins Spiel, da ihnen die Rolle des Vorbilds zugeschrieben wird. Darüber hinaus wird das Erklimmen der Unternehmensleiter als Beweis für Erfolg und richtiges Tun angesehen – als eine positive Folge des Verhaltens der Person. Menschen in Organisationen beobachten genau, wer befördert wird und wie er oder sie sich verhält.

Was wird belohnt? Ehrgeiz oder eher Teamorientierung? Fleiß und Pflichtgefühl oder eher Ungeduld und Ergebnisorientierung? Loyalität oder eher unabhängiges Denken? Qualität und Perfektion oder Schnelligkeit?

Jeder kann die Folgen des Verhaltens anderer bestimmen oder beeinflussen – Führungskräfte überproportional. Beim Plan, die Kultur im Team oder Bereich zu verändern, ist das Verändern der Konsequenzen ein entscheidender Teil und betrifft alle. Wenn mehr neue Ideen von allen Mitarbeitenden kommen sollen, sollten Ideen belohnt werden, zumindest durch Aufmerksamkeit und Anerkennung.

Soll eine Kultur verändert werden, ist es ratsam, die Konsequenzen, die jedes neue Verhalten mit sich bringt, durchdacht zu haben. Können diese wirklich heute die gewünschte Wirkung erzielen? Oder was muss vorher noch passieren, bevor die neuen Prinzipien oder Werte propagiert werden? Veränderung einer Kultur erfordert neue kollektive Erfahrungen:

- Gewünschtes Verhalten wird belohnt/führt zu positiven Ergebnissen;
- nicht mehr gewünschte Verhaltensweisen erreichen nicht mehr ihr Ziel oder haben negative Folgen;
- Probleme können einfacher oder zumindest nicht weniger leicht mit dem neuen Verhalten gelöst werden.

Wenn ein Verhalten sich lohnt, die Belohnung für uns sinnvoll ist, werden wir das Verhalten öfter zeigen. Wenn sich ein Verhalten nicht auszahlen sollte oder gar kontraproduktiv wirkt, werden wir es vermeiden.

Netflix schreibt in seinem Kulturdeck: »Die wahren Werte einer Firma zeigen sich daran, wer belohnt und wer entlassen wird.« Wer muss gehen?

Bei Netflix entscheidet die Leistung, was eine leistungsorientierte Kultur begünstigt. Leistung wird belohnt, Mittelmäßigkeit ist Grund zur Kündigung. Um entsprechende Personen zu identifizieren, nutzt Netflix das Urteil der Führungskraft im sogenannten Torwarttest. Die Führungskraft wird mit dem Szenario konfrontiert, dass ein Teammitglied daran denkt, das Unternehmen zu verlassen. Die Frage lautet: »Würden Sie hart kämpfen, um diese(n) Mitarbeitende(n) zu halten?« Ist die Antwort Nein, wird die Person entlassen.

Schwierige Entscheidungen über Menschen sollten nie überraschend kommen. Weder für die betreffende Person noch für die anderen. Dies würde eine Kultur der Angst schaffen. Hier greifen wir auf Transparenz zurück. Jeder sollte sich der Gründe bewusst sein, die zu einer Trennung führen. Was wird in der Organisation nicht toleriert? Trennungskandidat(inn)en sollten zunächst offenes und regelmäßiges Feedback erhalten. Ohne die Person bloßzustellen, muss es für das Team und andere Schnittstellen der Person sichtbar sein, dass das unerwünschte Verhalten adressiert wird.

2.2 Kultur fußt auf Konsistenz

»Wir haben angefangen, eine kleine anarchistische Gemeinde aufzubauen, aber die Leute hielten sich einfach nicht an die Regeln.«

Alan Bennett, englischer Schriftsteller (übersetzt)

In Unternehmen sieht man häufig, dass bestimmte Dinge vermieden werden. Oft gibt es Beschwerden, dass es keine Transparenz bei Misserfolgen gibt, dass das Schönmalen von Berichten notwendig ist, um negative Konsequenzen zu vermeiden. Führungskräfte reagieren jedoch oft überrascht, wenn sie damit konfrontiert werden. Ihnen fallen viele Beispiele ein, in denen unbeschönigte Berichte über negative Zahlen oder Fakten keineswegs bestraft wurden. Und das könnte alles stimmen. Doch vielleicht reagiert das Management gelegentlich – oder auch nur einmalig – mit negativen Konsequenzen auf schlechte Nachrichten (Zurechtweisen oder Entlassung der Verantwortlichen, Mikromanagement et cetera). Nun, einmal ist genug, um eine Kultur zu prägen. Wir wissen aus der psychologischen Forschung, dass das dauerhafteste Lernen auftritt, wenn die Folgen, die wir erlebt haben, a) negativ und b) sporadisch waren. Das Verlernen dauert unter diesen Umständen am längsten. Wenn die Transparenz mit Fehlern und Misserfolgen immer bestraft worden wäre und jetzt nicht mehr bestraft wird, sehen die Menschen die Veränderung sofort. Wenn es aber zuvor nur unregelmäßig zu negativen Konsequenzen kam, erwarten wir immer noch negative Folgen, auch wenn es jetzt ein paar Mal gut ging. Manchmal genügt schon ein einziger negativer Vorfall mit negativer Folge. Man verbrennt sich den Finger nur einmal auf dem Herd. Vor allem, wenn man schon vermutete, dass der Herd zu heiß ist.

Ein aufmerksamer Beobachter von Konsequenzen zu werden und wachsam und kritisch eigene Reaktionen zu beobachten, ist entscheidend, wenn man eine Kultur zielgerichtet beeinflussen will, unabhängig davon, wo man in der Organisation sitzt.

Die Herausforderung besteht darin, dass Folgen sehr subtil sein können, wie die folgenden Beispiele zeigen.

Beispiel: Subtilste Konsequenzen können den Aufbau eines Kulturelements gefährden

In vielen Unternehmen ist die sogenannte Feedbackkultur ein modernes Muss (siehe Kollaboration). Kurz gesagt bedeutet das, dass sich jeder ermutigt fühlen sollte, anderen Feedback zu geben und selbst dankbar Feedback entgegenzunehmen und daraus zu lernen. Auf diese Weise soll eine transparente und kooperative Zusammenarbeit entstehen, in der gemeinsam gelernt und sich weiterentwickelt wird.

Betrachten wir die Geschichte der Leiterin einer Personalabteilung eines globalen Unternehmens, die sehr stolz auf die Feedbackkultur war, die sie nach eigener Überzeugung etabliert hat, seit sie diese Rolle vor einigen Jahren übernommen hatte. Es zeigte sich jedoch, dass sie selbst kaum ein negatives Feedback erhielt.

In einer echten Feedbackkultur ist es sehr unwahrscheinlich, so wenig kritisches Feedback zu erhalten. Die Erklärung in diesem Fall war, dass sie den Ruf hatte, nicht gut mit Kritik umzugehen. Um Schwierigkeiten aus dem Weg zu gehen, hielten sich die Angestellten entsprechend zurück. Eine ihrer Managerinnen, die die Kritikunfähigkeit ihrer Chefin nicht selbst erlebt hatte, nahm sich den Aufruf zur Feedbackkultur zu Herzen und sprach ein Verhalten an. Zuerst hatte die Chefin der Feedbackkultur gemäß reagiert und

sich bedankt. Dann kam die Befragung (Wirklich? Wie kannst du dir sicher sein? Wer hat das gesagt?). Dann kam die Verteidigung. Das waren dreißig sehr unbequeme Minuten für die Feedbackgeberin. Im Folgenden zog sich die Chefin dezent vom Kontakt zurück und die Beziehung zwischen den beiden kühlte leicht ab.
Die angekündigte Kultur von Offenheit kann sich unter diesen Umständen nicht etablieren.

Inkonsistenzen lassen sich in der Regel jeden Tag beobachten, und das umso mehr, wenn Teams mit neuen Erwartungen konfrontiert werden.

Ein typischer Fall kann bei der Einführung von selbstverwalteten Teams oft beobachtet werden. Das Team nimmt die Herausforderung an und plant selbst seinen Arbeitsaufwand für die nächsten Wochen (beziehungsweise betreibt Sprint-Planungsaktivitäten). Im Anschluss daran wirft der Chef die Pläne kurzerhand durcheinander, da er der Meinung ist, dass das Team im vorgegebenen Zeitrahmen mehr leisten können muss.

Ein anderes Beispiel für fehlende Konsequenz lässt sich gut im Rahmen einer Beratungstätigkeit bei der Einführung einer verbesserungsgetriebenen Kultur beobachten, wie in folgendem Fall: Die Idee konsequenter Verbesserungsorientierung war sehr gut und zukunftsgerichtet, doch sobald dann die ersten Verbesserungsvorschläge auf dem Tisch der Führenden lagen, gab es Reaktionen wie: »Wenn Sie denken, dass dies besser gemacht werden kann – und Sie die Zeit haben – ändern Sie es.« Kein guter Start, denn wenn das Zeigen von Initiative zu einer zusätzlichen Arbeitsbelastung bei bereits voller Tagesordnung führt, wird sich die Zahl an Verbesserungsvorschlägen schnell in Grenzen halten. Die gerne verherrlichte Fehlerkultur (siehe Kollaboration) liefert einen weiteren häufigen Problemfall. Fehlerkultur zeichnet sich durch eine Atmosphäre aus, die Menschen ermutigt, Risiken einzugehen und neue Wege zu finden. Fehler und Scheitern werden als fester Bestandteil einer Kultur des Ausprobierens und als Lernchance gesehen. Nicht selten sieht man einen Versuch zum Aufbau einer Fehlerkultur gerade einmal so lange anhalten, bis der erste Fehler passiert ist. Häufig ist dann beobachtbar, dass die verantwortlichen Mitarbeitenden oder Vorgesetzten im Gegensatz zur ausgelobten neuen Fehlerkultur dennoch mit negativen Folgen rechnen müssen. Sei es von oben, von Kollegen oder an einer späteren Weggabelung der eigenen Karriere.

Ein besonders sensibler Bereich ist das Delegieren von Entscheidungsmacht. Um schnell zu handeln, werden Entscheidungen gerne schnell getroffen und nur dann infrage gestellt, wenn wichtige neue Informationen verfügbar werden. Häufig lässt sich aber beobachten, dass trotz guter Vorsätze Entscheidungen immer wieder neu angezweifelt werden und jeder in den Entscheidungsprozess einbezogen werden will, wenn auch nur nachträglich. Die Priorität auf schnellem Handeln der Organisation kollidiert mit Erwartungen und Vorstellungen der Mitarbeitenden. Das führt zu Ärger und bringt den Entscheidungsträger oder die Entscheidungsträgerin schnell in eine schwierige Lage. Hier ist es Aufgabe der Führung, den oder die Entscheidungsträger(in) nicht hängen zu lassen, sondern den Rücken zu stärken und die Vorteile des neuen Weges für alle sichtbar zu machen.

Wie konsistent das Ergebnis nachher wahrgenommen wird, hängt maßgeblich davon ab, wie differenziert Erwartungen geklärt werden.

Hier geht es um eines: die richtigen Erwartungen zu setzen. Versprechen, ohne zu viel zu versprechen. Die aktuelle New-Work-Bewegung, die mit viel Begeisterung, um nicht zu sagen Idealismus, ausgestattet ist, wird in der Praxis mit einer Enttäuschung und Beschwerde nach der anderen konfrontiert. Warum passiert das? Aufgrund von überzogenen und vor allem nicht geklärten Erwartungen.

Ein Beispiel ist die Umsetzung der Idee eines Unternehmens, in dem die Mitarbeitenden die Arbeit aussuchen können, die ihrer Leidenschaft und ihren Stärken entspricht. Das klingt gut und vor allem nach Förderung der Selbstverwirklichung des Einzelnen. Die Realität sieht anders aus. Leidenschaft ist nicht gleich Fähigkeit. Und selbst wenn, wird kein Job ausschließlich aus Wunschaufgaben bestehen. Schon gar nicht, wenn Arbeit tatsächlich ganzheitlich ist und End-to-End-Verantwortung mitbringt.

Realistische Erwartungen zu setzen, ohne den Wind aus den Segeln zu nehmen, ist eine Kunst.

Beispiel: Versprechen, ohne zu viel zu versprechen @Happy Inc.
Happy Inc. wurde mit dem Ziel Happy genannt, einen Arbeitsplatz zu schaffen, an dem Menschen tatsächlich glücklich sind (zumindest mit ihrer Arbeit). Ein wichtiger Teil davon ist, Personen das machen zu lassen, was ihnen Spaß bereitet. Happy erklärte als ein Ziel, dass alle Mitarbeitenden Freude an mindestens achtzig Prozent ihrer Arbeit haben sollen. Davon erhofft sich Happy neben einer hohen Arbeitszufriedenheit, dass Menschen nach ihren Stärken arbeiten. Jeder wird ermutigt, tätig zu werden, wenn er sich in der Situation sieht, an etwas arbeiten zu müssen, dass keine Freude bereitet. Dazu gehört aber nicht einfach, die unschönen Tätigkeiten nicht zu erledigen. Es wird Kreativität und Selbstverantwortung eingefordert. Da die Aufgaben zu erledigen sind, lautet die Vorgabe: Alternativen finden. Das kann entweder bedeuten, die Arbeit anders anzugehen, oder es kann bedeuten, jemand anderen für die Aufgabe zu finden, der Freude daran haben könnte.

3.
Kann Kultur verändert werden?

Eine Kultur zu verändern erfordert Fokus und Ausdauer, Zeit, Energie und enge Begleitung. Es wird gelernt, immer wieder innegehalten und Bilanz gezogen und angepasst. Neue Gewohnheiten werden gebildet und ständig weiterentwickelt. Und: Von allen Punkten, die ein Kulturwandel mit einer agilen Transformation gemein hat, ist hier einer hervorzuheben: der Wandel endet nie. Eine agile Kultur zu entwickeln bedeutet, eine Kultur zu erreichen, die sich ständig herausfordert, mit den sich ändernden Umständen Schritt zu halten – eine adaptive Kultur.

Um eine Kultur zu verändern, müssen Grundannahmen aufgedeckt, hinterfragt und angepasst werden. Alte Annahmen müssen verlernt werden, indem sie sich als nicht mehr gültig erweisen oder durch neue Annahmen dann auch wirklich ersetzt werden.

Wie kann das gelingen? Aus psychologischer Sicht müssen hierzu bestimmte Dinge passieren. Annahmen sind im Langzeitgedächtnis gespeichert. Diese lassen sich nur ändern, wenn sie zunächst infrage gestellt werden und neue (Lern-)Erfahrungen vorliegen, die dem Gehirn auch zeigen, dass sie tatsächlich ungültig sind. Neue Erkenntnisse und neue Annahmen stellen sich ein, wenn neue Erfahrungen auch konsequent einer neuen Logik folgen.

Neue Erfahrungen entstehen, wenn Menschen ein neues Verhalten zeigen oder bei gleichem Verhalten ein anderes Ergebnis erleben. Wenn man beispielsweise von einer Führungskraft, die Selbstorganisation fördern will, auf Anfrage für eine Entscheidung in einer bestimmten Sache keine Entscheidung erhält, sondern Fragen bekommt, die einem helfen, selbst die Entscheidung zu treffen. Wenn das Verhalten, selbst zu entscheiden, dann auch tatsächlich belohnt wird, wird es schließlich zur Gewohnheit.

Kultur zu wandeln bedeutet gemeinsames Lernen und Verlernen.

Die Logik der Veränderung folgt der Logik des Aufbaus einer Kultur, wie soeben beschrieben. Es gibt jedoch ein neues Element zu beachten: Andere Ergebnisse bei gleichem Verhalten (um es zu verstärken oder zu vermeiden) reichen nicht aus, um eine Kultur zu ändern, oft erfordert die neue Wunschkultur neue Verhaltensweisen.

Werden Verhaltensweisen gewünscht wie Initiative zu zeigen, Verantwortung zu übernehmen, Dinge am Prozess vorbei abzukürzen oder Entscheidungen zu treffen, dann ist zunächst anzuerkennen, dass diese Verhaltensweisen vorher nicht, oder nicht in ausreichendem Maße, zum Repertoire arbeitsbezogener Verhaltensweisen gehörten. Das bedeutet aber nicht, dass die Verhaltensmuster komplett neu erlernt werden müssen. Menschen treffen täglich hunderte von Entscheidungen. Gelernt werden muss nur, dass die Fähigkeit, Entscheidungen zu treffen, nun nicht nur zu Hause, sondern auch am Arbeitsplatz gefragt ist. Empowerment bedeutet also nicht, dass sich Mitarbeitende komplett verändern müssen, es bedeutet nur, dass die Organisation aufhört, die Menschen systematisch zu entmachten, wenn sie das Firmengelände betreten. Ein Beispiel ist Risikobereitschaft. Wenn das Experimentieren im Unternehmen gefördert wird, aber ein Kollege dafür gefeuert wird, dass er es gewagt hat, zu experimentieren, dann werden die alte Grundannahme und die alte Unternehmenskultur, dass das Experimentieren am Arbeitsplatz keine gute Methode ist, verstärkt. Darüber hinaus werden Mitarbeitende die neue Annahme bilden, dem ganzen Kulturwandelgeschwätz nicht zu vertrauen.

Bevor das Thema näher beleuchtet wird, soll ein typischer Fallstrick aufgezeigt werden: der Vielleicht-muss-sich-unsere-Kultur-gar-nicht-ändern-Fallstrick.

3.1 Die Vielleicht-brauchen-wir-gar-keine-Kulturveränderung-Falle

Achtung: Kultur ist zäh. Reagiert nur schleppend. So wird die Notwendigkeit eines Kulturwandels nicht immer gleich zu Beginn einer Transformation sichtbar. Implementieren einiger weniger agiler Teams hier und da, Einrichten eines Innovationszentrums oder beschleunigte Prio-Projekte, das funktioniert in der Regel recht problemlos auch in größeren Unternehmen. Die Mitarbeitenden sind in der Regel offen, einige Manager auch, andere Manager gleichgültig, da keine Bedrohung vorliegt. Es entsteht der Eindruck, dass es gar keinen Kulturwandel braucht. Die erlebte Lernerfahrung gerade der Führungskader ist, dass die Hinwendung zur agilen Organisation ambidextern bewältigt werden kann. Damit bezeichnen Organisationstheoretiker einen Zustand, der neue und alte Verhaltensweisen gleichermaßen erlaubt.

Erst wenn das Unternehmen mit der Skalierung beginnt, immer mehr Teams und Einheiten in den agilen Rhythmus zieht, treten Hindernisse hervor. Ein, zwei, drei, bis es offensichtlich ist, dass es sich nicht um ein paar einzelne, individuelle Probleme handelt, sondern man an die Mauer der Kultur gestoßen ist.

Professor Michael Wade von der IMD Business School, außerdem Inhaber des Cisco-Lehrstuhls für digitale Unternehmenstransformation, berichtete im Rahmen der Recherche zu diesem Buch von so einem Fall. Er begleitete eine große Bank bei ihrer Transformation. Die Bank wollte agiler werden und plante im Groben, das Spotify-Modell zu übernehmen. Am Anfang lief alles reibungslos. Ausgewählte Teams machten den Entwicklungsschritt zum agilen Team. In zwölfwöchigen Sprints interdisziplinärer Teams wurden Arbeitsergebnisse nun deutlich schneller geliefert. Dann begann die Bank zu skalieren. Mehr agile Teams sollten gebildet werden. Die Vorgesetzten, die noch in der alten Struktur verankert waren, sahen zu, wie die Hälfte ihrer Mitarbeitenden auf einmal in Sprints eigenverantwortlich arbeitete, statt die Ziele des Vorgesetzten zu unterstützen.

Die alten, noch bestehenden Grundannahmen des Führungskaders über die Kultur wurden sichtbar: »Meine Mitarbeiter gehören mir, sie müssen für mich arbeiten«, »Ich muss wissen, steuern und kontrollieren, was meine Mitarbeiter tun«. Ein Wechsel von hierarchischen Arbeitsstrukturen zum Arbeiten im Netzwerk provozierte weitere defensive Reaktionen. Einige Vorgesetzte wollten nicht akzeptieren, dass ihre Mitarbeitenden direkt mit höheren Hierarchieebenen Kontakt aufnahmen oder sogar zusammenarbeiteten, ohne den Umweg über die direkten Vorgesetzten zu gehen.

Ein Teil der Widerstände könnte auf eine unveränderte Vergütungsstruktur zurückzuführen sein, die Vorgesetzte für die Leistung ihrer Abteilung oder ihrer Einheit belohnte und nicht für verschiedene Wertbeiträge, die Mitarbeiter in den neuen Projekten leisteten. Ein weitaus bedeutsamer Grund für die Widerstände sind jedoch die noch bestehenden alten, ungeschriebene Regeln, das Bild von Führung, bestehende Erwartungen. Es entstand eine gefährliche Spannung zwischen den Polen kultureller Dimensionen, wie Kontrolle versus Freiheit oder Vertrauen oder auch Anweisung versus Befähigung.

Bevor eine Kulturveränderung in Betracht gezogen wird, muss anerkannt werden, dass für alle Beteiligten bestimmte Bedingungen gegeben sein müssen.

3.2 Die richtigen Bedingungen für einen Kulturwandel

Menschen müssen ihre Denkweise ändern, ihre Arbeit anders angehen und priorisieren. Dazu müssen die Menschen offen sein, ihre Annahmen, ihr Verhalten und ihre Gewohnheiten infrage zu stellen und Alternativen zu prüfen. Eine solche Veränderung führt immer aus der Komfortzone heraus. Risiken müssen eingegangen werden. Teilweise unbekanntes Terrain muss betreten werden, was natürlicherweise mit Unsicherheiten verbunden ist.

Die Auswertung vieler Projekte, Gespräche mit Experten und Austausch mit Menschen, die in Transformationsprojekten stecken, zeigt, dass es genau sechs Bedingungen gibt, die erfüllt sein müssen, damit ein Organisationsumfeld Kulturwandel zulässt.

Vier Fragen, bevor wir uns auf eine Veränderung einlassen

Die sechs im Nachfolgenden beschriebenen Bedingungen sind im Grunde die Antwort auf vier essenzielle Fragen, die Menschen sich stellen, bevor sie sich für die Teilnahme an einer Veränderung entscheiden:

Was?

Was genau soll sich ändern? Menschen wollen Erwartungen konkret kennen, sich die angestrebte Zukunft vorstellen können und Beispiele sehen.

Warum?

Warum braucht es die Veränderung? Wie werden wir davon profitieren? Menschen wollen verstehen, wie die Veränderung konkret Nutzen bringt – für die Organisation und für den Einzelnen.

Hier geht es darum, die Konsequenzen der Veränderung abschätzen zu können, allgemein und für sich persönlich.

Wirklich?

Menschen sind skeptisch. Meint die Firma es wirklich ernst mit der Veränderung? Sind sich hier alle einig, die etwas zu sagen haben (die Einfluss auf die Konsequenzen nehmen können)? Kann der Wandel im bestehenden System, mit den bestehenden Prozessen und Regelungen überhaupt funktionieren?

Hier geht es um die Glaubwürdigkeit des Vorhabens. Hier tut sich eine entscheidende Weggabelung auf, an der entschieden wird, aktiv mitzuwirken oder zumindest mitzumachen oder das Ganze auszusitzen.

Soll ich?

Habe ich die Möglichkeit und die Kompetenz für die Veränderung? Darf ich es ausprobieren? Kann mir etwas passieren, wenn ja?

Diese Fragen bilden die Brücke von Absichten zu Handlungen. An diesem Punkt müssen Menschen wissen, ob sie die notwendigen Freiräume haben, Veränderung auszuprobieren und umzusetzen. Sie müssen überzeugt sein, dass sie wirklich dazu autorisiert sind und dass sie die Zeit und die Möglichkeiten dazu haben.

Ist dies der Fall, schließen sich weitere Fragen an: ob Risiken mit der Veränderung verbunden sind und ob man sich sicher genug fühlt, den Schritt zu gehen. Zu wissen, worum genau es bei der Veränderung geht, warum sie Sinn macht und dass sie ernst gemeint ist, schafft Zuversicht. Jetzt müssen die Betroffenen sich aber noch sicher fühlen, um teilzunehmen. Von besonderer Bedeutung ist das Wort fühlen. Es reicht nicht aus, einfach Sicherheit zu verkünden. Ein Gefühl der Sicherheit entsteht vor allem durch positive Lernerfahrungen, die den Menschen zeigen, dass keine negativen Konsequenzen zu erwarten sind. Einen Wandel wagt nur jemand, wenn er die Vorstellung hat, dass man auch mal versehentlich mit seinen Ideen danebenliegen darf, dass man auch etwas über das Ziel hinausschießen darf, dass Fehler gemacht werden dürfen und dass Scheitern nur bedeutet, es noch einmal anders zu probieren.

Die sechs Grundvoraussetzungen für persönliche Veränderung

Was?

1. Absichten und Hoffnungen für einen Kulturwandel sollten transparent sein. Neue Erwartungen müssen klar kommuniziert werden. Die Prinzipien hinter dem neuen Verhalten und der neuen Denkweise müssen von allen verstanden sein. (Transparenz und Information)

2. Neues Verhalten muss durch Vorleben sichtbar gemacht werden. Mindestens von der Führung. Mitarbeitende sind aufgefordert, es auszuprobieren. Beispiele für die neuen Arbeitsweisen müssen sichtbar sein. (Sichtbarkeit)

Warum?

3. Die neue Arbeitsweise muss sich als effektiv und lohnend erweisen. Vorteile und verbesserte Ergebnisse der neuen Standards sollten direkt erlebt werden. (Konsequenzen)

Wirklich?

4. Botschaften und Handlungen des Managements müssen im Sinne der gewünschten Kultur sein. Das Gleiche gilt für Systeme und Regeln. (Konsistenz)

Soll ich?

5. Menschen müssen befähigt sein und den Raum haben, notwendige Anpassungen vorzunehmen. (Freiheit und Empowerment)

6. Menschen müssen sich sicher fühlen, wenn sie die neuen Wege ausprobieren und umsetzen. (Psychologische Sicherheit)

Zum ersten Prinzip der Transparenz und Information gehören schriftliche Informationen. Viele Organisationen in Transformation beachten dies bereits und formulieren Kulturprinzipien oder -richtlinien aus. Die schriftlichen Prinzipien oder Leitfäden, Aussagen, Zeugnisse und Erzählungen illustrieren die gewünschte Kultur. Zwar sind diese für sich genommen nicht mehr als ein Stück Papier, wenn sie jedoch konkret genug und verhaltensorientiert sind, sind sie wichtig und sogar sehr effektiv.

Beispiel: Der Effekt dokumentierter Kulturprinzipien
Ein kleiner, aber überzeugender Fall wird von Laszlo Bock, dem ehemaligen Vice President of People Operations von Google, vorgestellt. In den zehn Jahren, die er bei Google verbrachte, wuchs das Unternehmen von sechstausend auf sechsundsiebzigtausend Mitarbeitende. Für ihn ist die Investition in die Unternehmenskultur der Schlüssel zur Erhaltung der Leistungsfähigkeit eines Unternehmens. In seinem Buch Work Rules *teilt er eine Studie, die sein Team durchgeführt hat, um das Einfinden neuer Mitarbeitender zu verbessern.*
Als Intervention testeten sie eine E-Mail an die Vorgesetzten, in der diese an Googles kulturelle Prinzipien wie Transparenz oder Vernetzung erinnert werden. Das Ergebnis war erstaunlich. Mit dieser Maßnahme benötigten neue Mitarbeitende fünfundzwanzig Prozent weniger Zeit, bis sie in ihrer Rolle voll produktiv waren.

Ganz im Sinne der sechs oben genannten Voraussetzungen ist Professor Wades Zusammenfassung der Forschung auf dem Gebiet der Veränderungsanforderungen, die er im Experteninterview teilte. Wade sieht hier folgende drei Bedingungen als Hauptvoraussetzung für Veränderung:

1. Autonomie (Freiheit und Empowerment),
2. psychologische Sicherheit,
3. Belohnungen (Konsequenzen).

Bei Kultur geht es um Konsequenzen. Belohnungen sind eine positive Verstärkung und damit zentral für Konsequenzen. Nach Wade fragt sich jeder Mitarbeiter, egal ob Führungskraft oder Fachkraft: »Wenn es keine Belohnungen gibt, warum sollte sich jemand überhaupt die Mühe machen?«

Eine angemessene Anreizstruktur (beispielsweise die Bindung von Boni an Key Performance Indicators wie neue Ideen, Innovationen oder Verbesserungen, Unterstützung von und Beiträge zu anderen Teams und so weiter) geht Hand in Hand mit Auszeichnungen oder einfach Lob, vor anderen und auf der individuellen Ebene.

Nicht jeder schätzt die gleichen Belohnungen. Das liegt an unterschiedlichen psychologischen Bedürfnissen der Menschen. Auswahl ist daher wichtig. Andere Belohnungsmöglichkeiten finden sich im Wunsch nach Freiheit und Selbstbestimmung. So können Heimarbeitstage und flexible Arbeitszeiten wichtige Belohnungsinstrumente sein.

Sich verändern, neue Dinge erforschen, Risiken eingehen, all das erfordert weiterhin, dass wir aus unserer Komfortzone aussteigen. Das allein erfordert Mut. In einem organisatorischen Kontext tun wir dies unter den Augen von Kollegen, Vorgesetzten und Mitarbeitenden. Wir verlassen nicht nur unsere Komfortzone, wir setzen uns auch anderen aus. Wenn wir negative Folgen befürchten, wie den Verlust des Ansehens bei einem Kollegen, den Verlust des Respekts einer Mitarbeiterin oder den Verlust der Gunst der Vorgesetzten, werden wir es uns zweimal überlegen. Hier setzt das Konzept der psychologischen Sicherheit an. Fühlen wir uns sicher, neue Wege zu gehen, neue Ideen zu teilen, Risiken einzugehen? Fühlen wir uns sicher, wenn wir Fehler machen? Oder werden andere uns in Verlegenheit bringen, diskreditieren, ausschließen? Werden wir für Fehler verantwortlich gemacht?

Nach Professor Wades Erfahrung wird sich eine Kultur nicht verändern, wenn Menschen nicht die Zeit und Freiheit haben, über die Zukunft nachzudenken, sich nicht trauen, ihr Verhalten zu ändern und für ihre Bemühungen nicht belohnt werden.

Grundvoraussetzungen ermöglichen Veränderung. Das Feuer entfachen sie aber nicht

Voraussetzungen, damit ein Feuer brennen kann, sind trockenes Holz und Luftzufuhr, damit Sauerstoff dem Feuer zur Verfügung steht, doch trockenes Holz und Sauerstoff entzünden die Flamme nicht. Ähnlich ist es beim Kulturwandel: Die sechs Grundvoraussetzungen sind notwendig, aber es braucht noch zwei weitere Zutaten. Einen Startfunken und Wind, der das Feuer zum nächsten Holz springen lässt:

1. Eine Inspiration zum Wandel mit überzeugenden Argumenten und fesselnder Vision;
2. Menschen mit dem Wandel in Berührung bringen, eine Verbindung herstellen, indem sie involviert werden.

Argumente und Vision müssen mit Verhalten und Arbeitsprinzipien verknüpft sein. Menschen wollen verstehen, wie die neue Arbeitsweise nicht nur dazu beiträgt, die Vision des Unternehmens zu verwirklichen (und damit den Arbeitsplatz zu sichern), sondern auch Verbesserungen für den Einzelnen schafft. Um dann die Schwelle zum Handeln zu überschreiten, muss klar sein, wie sich das eigene Verhalten auf den Erfolg auswirkt und was genau man morgen anders tun kann, um einen eigenen Beitrag zu leisten.

Um mit dem Herzen dabei zu sein und sich nicht nur neuen Prinzipien und deren schriftlichen und ungeschriebenen Regeln zu fügen, braucht es Inspiration und Einbezug. Hierfür muss der Wandel Sinn machen und bedeutungsvoll sowie attraktiv sein (Verbindung zu Sinnzweck und inspirierender Vision, mit denen man sich identifizieren kann). Einbezug der

Beteiligten stellt zudem die notwendige persönliche Verbindung zum Geschehen und zum Ziel her.

Der Einbezug erfolgt über psychologisches Investment. Kurz gesagt, jeder Beteiligte investiert in den Wandel und fühlt sich so auch dafür verantwortlich. Investieren bedeutet: Ideen einbringen, an Aktivitäten teilnehmen, an dem Veränderungsvorhaben und Plan mitwirken, Gespräche führen, die Ideen unterstützen, präsentieren oder erklären. Das Engagement wird umso größer sein, umso besser der Bezug für und die Einflussnahme der Einzelnen spürbar und erlebbar werden.

Ein Gefühl des Ownership stellt sich ein, da der Wandel nun auch ihr Projekt ist. Engagement und Mitwirkung sind der Schlüssel, je früher, desto besser.

Befähigen und Durchsetzen muss von oben geschehen

Zu Beginn eines Kulturwandels müssen einige Bedingungen aktiv gefördert oder sogar von oben durchgesetzt werden, um die Veränderung erst zu ermöglichen. Was bedeutet das? Führungskräfte sind dafür verantwortlich, Freiräume zum Erkunden und Verändern zu geben, in denen Menschen ihren eigenen Weg finden, zu einem zukunftsfähigen Unternehmen beizutragen.

Manche Stimmen beharren darauf, dass Kulturwandel nur von unten ausgehen könne. Erfahrungen im organisatorischen Wandel, die weit zurückreichen, lehren uns zwar, dass Bottom-up-Initiativen wertvoll und effektiv, aber auch, dass sie nicht ausreichend sind. Vorgesetzte haben überproportional Einfluss, da sie die überwiegenden Konsequenzen definieren. Meine jahrzehntelange Arbeit mit Unternehmen zeigt mir, dass Führungskräfte top-down-initiiert ihre Einheit hin zu agil umkrempeln können, selbst wenn der Bereich noch Teil einer übergeordneten klassischen Command-and-Control-Struktur ist.

Henry Stewart, der als einer der einflussreichsten Business-Denker der Welt gilt (Guru Radar of Thinkers 50) und Autor des *Happy Manifesto* ist, beschrieb diese Erfahrung ebenfalls, im Experteninterview für dieses Buch. Er hat Transformationen zu organisationaler Agilität innerhalb einzelner Einheiten eines Unternehmens durch besonders fortschrittliche und kompetente Bereichsleiter erlebt. Der genaue Blick zeigt, es steckt mehr dahinter. Steve Denning, Direktor des SD Learning Consortium, bricht in einem *Forbes*-Artikel von 2018 die Lanze für das mittlere Management. Er beschreibt seine Erfahrungen und verweist auf eine umfassende Umfrage aus dem Jahr 2003 (Prusak/Davenport), in der festgestellt wurde, dass es in der Regel die Mitte des Unternehmens ist, das mittlere Management, wo erfolgreiche Transformationen eingeleitet werden: nicht zu weit oben, um als Top-down-Kommando und Kontrollübung wahrgenommen zu werden, aber hoch genug, um einen Überblick über das Gesamtbild zu haben.

Veränderung kann sehr gut mit einer einzelnen Person – mit oder ohne Führungsposition – beginnen, die andere für ihre Sache überzeugt und inspiriert. Natürlich gehört auch dazu, Allianzen mit anderen aufzubauen, die die Idee mittragen, selbstständig weiterführen und unabhängig verwirklichen. Auf diese Weise geschieht die Veränderung eher organisch als verschrieben.

Vielleicht ein Pilot

Da es sich als schwierig erweisen dürfte, alle Bedingungen für einen agilen Kulturwandel von Anfang an in allen Bereichen einer Organisation gleichermaßen vorliegen zu haben, bietet es sich an, klein anzufangen, mit einem Piloten. Dies gelingt am besten mit einer Einheit, in der offen auf den Wandel reagiert wird und Lust besteht, aktiv teilzunehmen. Ein Pilot ist zudem die perfekte Gelegenheit, um zu lernen und Konzepte basierend auf der Lernerfahrung anzupassen und weiter auszufeilen, bevor ein Wandel in größerem Maßstab angestrebt wird. Die Erfahrung zeigt, dass es fast immer mindestens eine Einheit gibt, die die neue Kulturvision begrüßt und zur Veränderung motiviert ist. Ein guter Startpunkt.

Die freiwillige Teilnahme der Piloteinheit macht die Kulturabsichten zudem glaubhaft und unterstützt eine Bottom-up-Transformation im gesamten Unternehmen. Andere Einheiten sehen den Erfolg und wollen sich anschließen.

Ein guter Start für eine Transformation kann klein sein. Identifizieren Sie die Einheit(en), die Interesse und Motivation für den Wandel zeigt/zeigen und fragen Sie sie, ob sie an dieser Lernreise teilnehmen möchte(n). Da in diesem Fall die Motivation und das Engagement der Leitung gegeben ist, können die Bedingungen für Veränderung leichter umgesetzt werden. Erfolgsgeschichten werden sich schnell verbreiten und andere Einheiten sich der Bewegung anschließen wollen, auch wenn es mehrere Monate dauert, bis die ersten Vorteile sichtbar und von anderen anerkannt sind.

Ein weiterer für die Organisation noch unverfänglicher Weg ist nicht der über Einheiten, sondern über Initiativen, die parallel zum traditionellen Geschäft den agilen Wandel starten. Projekte außerhalb der Organisationsstruktur haben noch stärkeren Experimentiercharakter und sollten so ausgerichtet sein, dass sie bereits Wandel in der Organisation umsetzen oder bewirken. Derartige Schnellprojekte oder spezielle Initiativen können mit Freiwilligen besetzt werden, die inspiriert und motiviert sind, Teil eines größeren Wandels zu sein. Eine wichtige unterstützende Maßnahme in solchen Konstellationen ist die Schaffung geschützter Räume, in denen diese Initiativen leben und Kraft schöpfen können. Dazu gehören auch physisch abgetrennte, eigene Räumlichkeiten. Für eine spätere Skalierung ist wichtig, diese Initiativen aus zwei Perspektiven zu betrachten. Erstens muss die Initiative wirksam sein, die gewünschte Kultur zu fördern, und gleichzeitig direkt geschäftsrelevante Verbesserungen erzielen. Zweitens muss die Arbeitsweise der Initiative die neue Kultur widerspiegeln.

4.
Die drei Säulen agiler Organisationskultur

Ziel der Transformation zu einer agilen Kultur ist organisatorische Agilität, die es dem Unternehmen ermöglicht, sich schnell an veränderte Umstände anzupassen und im Rennen zu bleiben. Angestrebt wird ein Unternehmen, das immer auf dem Laufenden ist oder, besser noch, Trends setzt. Der Leitstern ist ein Unternehmen, das den Markt mit unermüdlicher Kundenorientierung und -zentriertheit überzeugt. Eine Organisation, die sich ständig verbessert, weiterentwickelt, erneuert und wenn notwendig neu erfindet.

Die Aufgabe einer Kultur ist es, Wege für eine bestimmte Denkweise, Zusammenarbeit und Ansätze, wie Dinge umzusetzen sind, zu etablieren und zu pflegen. Das ist harte und schrittweise Arbeit.

Bei leistungsmotivierten Mitarbeitenden braucht man sich nicht um Motivation sorgen, sondern demotivierende Hindernisse aus dem Weg räumen. Genau das ist es, was Unternehmen finden, die sich vom Silicon Valley inspirieren lassen wollen (Berghoefer 2019, basierend auf dem Austausch mit Mitarbeitenden von zwanzig im Silicon Valley ansässigen Technologieunternehmen): vorwiegend Mitarbeitende, die Leistung erbringen und vorankommen wollen. Sie treten motiviert und leistungsbereit in ein Unternehmen ein.

Außerhalb des Silicon Valley ist es jedoch Realität, dass nicht jeder Mitarbeitende stark motiviert ist oder auch nur engagiert. Und selbst die Motivierten werden nicht dreihundertfünfundsechzig Tage im Jahr, Jahr für Jahr, Projekt für Projekt gleichermaßen engagiert sein. Jeder Job beinhaltet in der Regel Aufgaben, für die wir uns begeistern, und andere, die uns weniger interessieren. Und auch für die, die genau den richtigen Job ausgewählt haben, kann es schwierig sein, ihr Engagement aufrechtzuerhalten, wenn die organisatorischen Realitäten dem freien Meistern des Jobs im Wege stehen.

Das Gleiche gilt für Hochleistung. Niedrige Leistungen im Silicon Valley werden in der Regel durch die Entlassung der Person gelöst. Gleiches gilt für die Fähigkeit oder Offenheit zur Veränderung. Ein Beispiel ist Zappos, wo Mitarbeitende, die sich nicht mit der neuen, holokratischen Arbeitsweise identifizieren konnten, ermutigt wurden, einen goldenen Handschlag zu nehmen und zu gehen, was neunundzwanzig Prozent der Mitarbeitenden taten. Nicht jedes Unternehmen hat die Flexibilität oder die Absicht solcher kurzfristigen Personalmanagementstrategien.

Daher gilt es, eine Kultur zu etablieren, zu entwickeln und aufrechtzuerhalten, die dazu beiträgt, das menschliche Potenzial optimal zu nutzen. Und zwar einschließlich derer, die nicht von Anfang an hoch motiviert sind oder die Einbrüche in der Leistung aufweisen.

Kultur ist ein gemeinsames Produkt. Es zu erschaffen braucht Führung. Das Besondere an Führung heute ist, dass sie nicht an eine Position gebunden ist. Nicht einmal an eine Person. Etwas zu initiieren oder zu bewegen, das ist Führung. Führung heißt, einen Unterschied zu machen, Fortschritt zu schaffen.

Stellen Sie sich eine Kultur vor, die jeden einzelnen Mitarbeitenden inspiriert und befähigt, Führung zu zeigen – sich für die Organisation einzusetzen, sie weiterzuentwickeln und einen Unterschied zu machen.

Ein Modell agiler Unternehmenskultur

Warum ein Modell? In der Zeit der New-Work-Interventionen, des Experimentierens und der Rebellen am Arbeitsplatz bekommt man leicht den Eindruck, dass es ausreicht, ein System hier und da zu irritieren, um einen Kulturwandel auszulösen. Vielleicht noch der ein oder andere Gimmick, Sitzsäcke in offenen Räumen und Kickertische. Oder Anzugschuhe gegen Sportschuhe tauschen. Das neue agile Schlagwort lautet Hack. Wie bereits einführend erläutert bedeutet Hack – ein technischer Kniff – eigentlich, ein Sicherheitssystem zu knacken oder zu umgehen, um ans Ziel zu kommen. Wie beschrieben, können Hacks sinnvolle unterstützende Maßnahmen in einem Kulturwandel darstellen, sie stehen allerdings keinesfalls allein auf stabilen Beinen.

Kulturentwicklung braucht mehr als eine Reihe von mehr oder weniger disruptiven Aktionen. Im Gegenteil ist Kulturentwicklung ganz wesentlich geprägt von einem Denken in Interaktionsfolgen und Wechselwirkungen: Wenn ich das eine tue, hat das bestimmte Konsequenzen. Wenn ich ein bestimmtes Ergebnis wünsche, muss ich die Voraussetzungen dafür erst sicherstellen oder schaffen. Wenn die eine Handlung nicht zu einer anderen passt oder Ziele nicht zum Tun, das Tun nicht zum Ziel, dann fehlt Konsistenz und die Kulturentwicklung scheitert.

Auch wenn die Sehnsucht vieler Leser darin besteht, wenige hilfreiche Hacks kennenzulernen, die einen schnellen Weg zu einer funktionierenden agilen Kultur versprechen, so ist die Wahrheit doch, dass gerade Kulturentwicklung eine Vorstellung davon benötigt, wo man genau hinmöchte, und ein vertieftes Verständnis davon, wo man heute steht. Es braucht mehr als in anderen Bereichen des Zusammenarbeitens Leitplanken und Struktur für das eigene Denken und Handeln. Die Alternativen sind Aktionismus und zufällige Einzelinterventionen.

Ein Modell hilft, Wirkzusammenhänge zu erkennen und Zukunftsvisionen klarer zu beschreiben. Ein unscharfer Kulturbegriff, der sich mit einfachen Schlagworten begnügt, erscheint zunächst der einfachere Weg. Wir alle kennen die Schlagworte, mit denen Unternehmen ihre Bemühungen um eine agile Kultur erklären. Schlagworte sind nicht falsch, aber unzureichend. Für Bryan Kurey, Managing Vice President für HR Research bei Gartner (2019), besteht das Problem mit Schlagwörtern darin, dass sie so allgemein sind, dass Unternehmen alle möglichen aktuellen Praktiken augenscheinlich zuordnen können und so die Notwendigkeit von Veränderungen überdecken. Die Beschreibung der angestrebten eigenen Kultur muss kristallklar sein, andernfalls bleiben alle Aktivitäten ein Stochern im Nebel.

Um reinen Tisch zu machen, sind zwei Punkte zu erwähnen. Erstens ist das TEC-Modell keine Schablone, auch keine Blaupause. Jedes Unternehmen ist anders. Die einzelnen Elemente haben für verschiedene Organisationen unterschiedliches Gewicht, unterschiedliche Priorität und Bedeutung. Auch die Umsetzung und Realisierung jedes der drei Elemente – sowie die orchestrierte Kultur – sieht für jedes Unternehmen anders aus. Sie spiegelt die Umstände des Unternehmens wider, aber auch seine Geschichte und Identität. Ein eigenes Entwickeln eines kulturellen Zielbildes ist harte und schrittweise Arbeit, die jedoch bereits Teil einer beginnenden Kulturtransformation ist. Eine Abkürzung gibt es nicht.

Zweitens ist die Festlegung neuer Prinzipien, wie sie im TEC-Modell skizziert sind, ein wichtiger Schritt auf dem Weg zu einer agilen Organisation. Ein Schritt. Die Reise endet nicht an dieser Stelle. Wie im Modelldiagramm dargestellt, braucht es eine Vision, die Menschen inspiriert, und eine Struktur und Unternehmensführung, die Agilität sowie die richtigen Methoden und Werkzeuge ermöglichen und unterstützen. In jedem dieser Bereiche muss ein Schritt dem nächsten folgen. Eine wahrhaftig agile Organisation ist ein lebendiger Organismus, der sich ständig weiterentwickelt, anpasst und optimiert.

Welche Vision, welcher organisatorische Aufbau, wie werden Entscheidungen getroffen, welche Methoden und Werkzeuge werden eingesetzt? Diese Fragen müssen von jedem Unternehmen selbst beantwortet werden. Eigentlich von jeder Abteilung, von jedem Team und von jedem selbst.

Das TEC-Modell für agile Kultur

Das TEC-Modell besteht aus den drei Kulturhauptelementen Transparenz (Transparency), Empowerment und Kollaboration (Collaboration). Auf diesen drei Säulen basiert jede agile Unternehmenskultur. Organisationen erhalten mit dem Modell ein Zielbild, auf das hingearbeitet werden kann. Jedes der drei Hauptelemente einer agilen Kultur gliedert sich in weitere Unterdimensionen. Der große Vorteil dieses Modells im täglichen Arbeiten ist, dass es ein in sich konsistentes Leitbild darstellt, an dem Führende wie Fachkräfte ihr Verhalten ausrichten können. Damit wird dem Umstand Rechnung getragen, dass jede Unternehmenskultur stets das Ergebnis von Konsequenzen und Konsistenz des Verhaltens der betroffenen Akteure darstellt.

Im Folgenden werden die einzelnen Dimensionen mit ihren Unterbereichen vorgestellt. Die Aufgabe eines jeden Unternehmens besteht darin, für sich zu definieren, wie die jeweiligen Elemente im täglichen Miteinander sichtbar und spürbar werden sollen.

Bedeutsamkeit, Orientierung und Kundenzentriertheit durch Sinnzweck, Vision und Mission

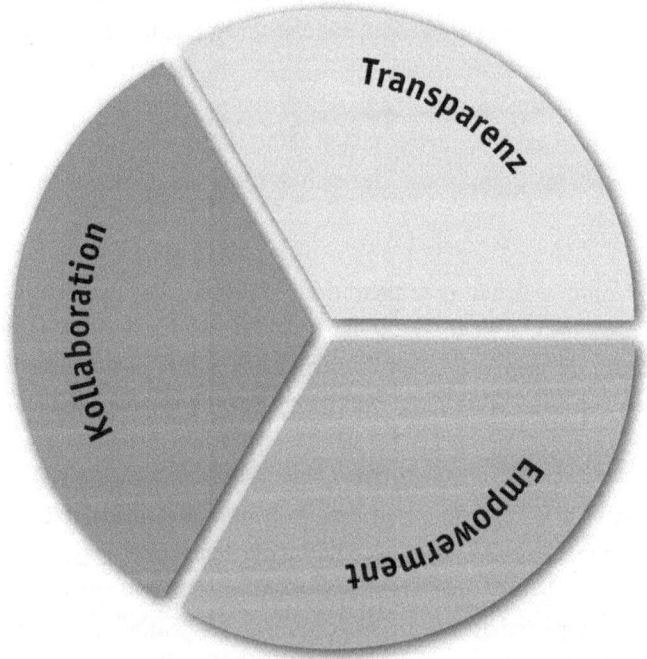

Agilität stabilisieren durch Strukturen und Regelungen

Transparenz

Transparenz lässt jeden selbst sehen, was innerhalb und außerhalb des Unternehmens passiert. Sie lässt Zusammenhänge erkennen und ermöglicht autonomen Teams erst die gewünschte Selbststeuerung.

Transparenz kann als Grundvoraussetzung für die organisatorische Agilität gelten. Selbststeuerung ist nur möglich, wenn man auch über alle Informationen verfügt, die für fundierte Entscheidungen notwendig sind. Um Innovation und Unternehmergeist zu fördern, braucht es Zugang zu Echtzeitinformation und -daten: für datengesteuerte Entscheidungen, um Trends zu erkennen und neue Ideen zu entwickeln.

Transparenz mit Plänen und Absichten ermöglicht und fördert Vertrauen, was wiederum Zufriedenheit und Produktivität fördert.

Empowerment

Mit Empowerment ist gemeint, Menschen auch die Freiheit und Möglichkeit zu bieten, ihr Bestes zu geben, ihre Talente einzubringen und sich als Person, Team und Gruppe an veränderte Marktbedingungen anzupassen.

Es wird nicht nur zur Selbstverwaltung befähigt, sondern auch zum Entscheiden und Selbststeuern, um als Person oder Team im eigenen Verantwortungsbereich und darüber hinaus Einfluss zu nehmen.

Ownership steht an der Spitze der Pyramide von Freiheit, Empowerment und Ownership. Es bedeutet, selbstständig Initiative zu ergreifen, unabhängig nach Erfolg zu streben und Verantwortung dafür zu übernehmen.

Kollaboration

Über Kollaboration wird die Dynamik unternehmensweiter Agilität ermöglicht. Nur wenn bedingungslos und grenzenlos zusammengearbeitet wird, kann das kollektive menschliche Potenzial genutzt werden und ein flexibler und anpassungsfähiger Organismus entstehen.

Lose Netzwerke ermöglichen die Nutzung von Synergien und die Schaffung von Innovationen. Ein zusammenarbeitendes System ermöglicht es, die Kraft zu bündeln, um schnell und effektiv in strategisch wichtigen Bereichen handeln zu können. Nur wenn Menschen sich austauschen und Wissen teilen, können das kollektive Wissen, die Expertise und die Erfahrung aller genutzt werden.

Zusammenarbeit ist auch Grundlage der wichtigen Lernkultur, da Reflexion und Lernen besser durch die Integration verschiedener Perspektiven erfolgt. Fortschritt passiert durch Zusammenarbeit, die auf kollektives Lernen ausgerichtet ist. Transparenz ist die Basis, Empowerment der Antrieb und Zusammenarbeit der Befähiger.

Sinnzweck, Vision, Mission

Unternehmen sind zweckorientierte Strukturen. Sie existieren nicht zum Selbstzweck. Produkte werden nicht um des Produzierens willen hergestellt. Neben der Gewinnorientierung benötigt jede Organisation, und agile Organisationen in besonderem Maße, Sinnzweck, Vision und Mission. Sie tragen dazu bei, dass Arbeit als bedeutungsvoll erlebt wird und man sich mit der Arbeit identifizieren kann (Sinnzweck/Purpose), sie tragen zur Orientierung und Inspiration (Vision) bei und geben einen strategischen Fokus, der sich am Kunden ausrichtet (Mission).

Diese drei Elemente können Menschen zusammenbringen und einen klaren, inspirierenden Langzeitfokus entstehen lassen, der die Organisation vorantreibt – hin zu dem idealen Sollzustand der Zukunft.

Agilität stabilisieren

Der Zusatz »Agilität stabilisieren« adressiert die Struktur und Unternehmensführung, die die Organisation mit einem biegbaren Skelett stabilisiert und die Infrastruktur sowie Regelungen für Autonomie bietet, um die wertschöpfenden Mitarbeitenden und Teams zu befähigen.

Die zweite Ebene des TEC-Modells im Überblick

Jede der drei Säulen kann in drei Facetten oder Unterdimensionen gegliedert werden.

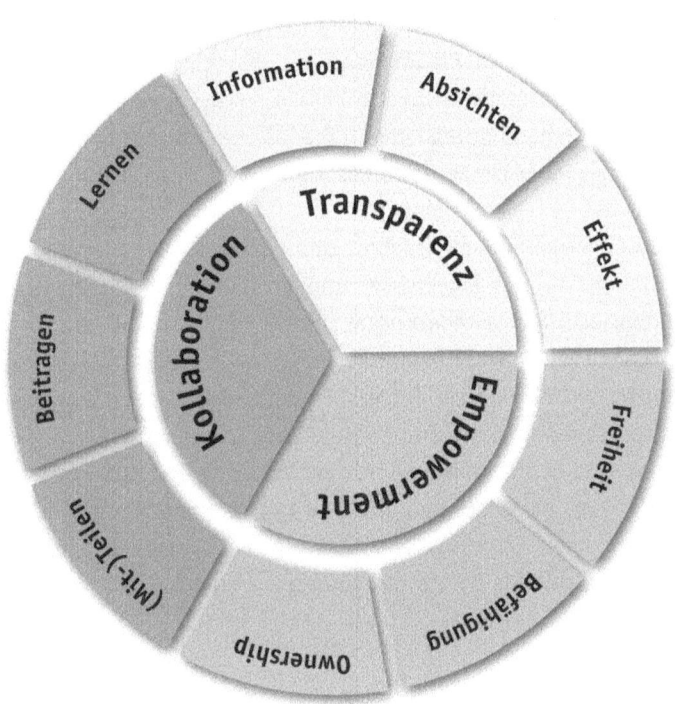

Transparenz

1. Information (Transparenz mit Information und Daten)

Bei Transparenz mit Information und Daten geht es um das Aktivieren des kollektiven kognitiven Potenzials der Menschen in der Organisation. Strategisches Denken wird auf allen Ebenen der Organisation ermöglicht. Alle haben Zugang zu den Informationen und Daten, die wichtige Inspiration und Orientierung für neue Ideen darstellen. Diese Transparenz ermöglicht informations- und evidenzbasierte kurzfristige und zukunftsgerichtete Entscheidungen.

2. Absichten (Transparenz mit Absichten und Plänen)

Transparenz mit Absichten und Plänen dient dazu, alle darüber informiert zu halten, was gerade in Planung ist – und auch warum. Eine Offenheit mit Plänen und den Absichten, die mit diesen verfolgt werden, schafft Klarheit, Orientierung und Vertrauen. Menschen können ihre eigenen Ziele in Abstimmung mit den Absichten und Plänen der Organisation formulieren und anpassen sowie ihre Aufgaben oder Beiträge entsprechend priorisieren. Dabei können alle auf Basis des Warums unabhängig, aber zielkonform Lösungsansätze entwickeln.

3. Effekt (Transparenz mit Ergebnis und Wirkung)

Transparenz mit den Ergebnissen und der Wirkung der Arbeit regt ergebnisorientierte Selbststeuerung an. Sie ermöglicht Selbstkorrektur und das laufende Modifizieren der Planung sowie taktische Prioritätensetzung. Notwendigkeit zur Anpassung und Chancen für Verbesserungen werden schnell erkannt und können beobachtet werden. Kundenorientierung wird durch unmittelbare Feedbackschleifen und -quellen gefördert und eine entsprechende Ausrichtung am Kunden ermöglicht. Durch die Möglichkeit, Ergebnis und Wirkung der eigenen Arbeit zu sehen, wird Arbeit als bedeutungsvoll, sinnerfüllt erlebt.

Empowerment

1. Freiheit (Freiheit zum Adaptieren und Kreieren)

Freiheit in Form von Handlungsspielraum bei der Arbeit ermöglicht Selbstorganisation. Wo Mitarbeitende ihre Tätigkeiten selbstbestimmt ausüben können, können sie als Meister ihrer Arbeit agieren. Je mehr Freiheit gegeben ist, desto mehr Möglichkeiten gibt es, die eigenen Stärken einzubringen, das eigene Potenzial zu verwirklichen und Eigenmotivation zu nutzen. Handlungsfreiheit ermöglicht, sich kreativ und gestalterisch am Arbeitsplatz einzubringen, zu experimentieren und Spaß bei der Arbeit zu haben. Freiheit gibt erst den notwendigen Raum, auf individuelle Kundenbedürfnisse und Veränderungen allgemein zu reagieren.

2. Befähigung (Empowerment zum Führen)

Mitarbeitende zur (Selbst-)Führung zu befähigen bedeutet, ihnen Verantwortung zu überlassen. Empowerment bedeutet nicht nur Selbstorganisation, sondern Selbststeuerung zu erlauben und möglich zu machen. Hierzu gehört das autonome Treffen von ergebnisrelevanten Entscheidungen. Teil davon ist auch das selbstständige Initiieren und Einführen von Veränderung, die auch für andere (Kollegen, Abteilungen, Stakeholder, Kunden) spürbare Implikationen hat, sowie die Befähigung dazu, Ergebnisverantwortung selbst in die Hand zu nehmen.

3. Ownership (Ownership mit Tendenz zum Handeln)

Das Einführen von Ownership dient der Verankerung einer Lösungsorientierung. Mitarbeitende entwickeln ihre eigene Mission, ein eigenes Ziel oder machen es sich zu eigen und verpflichten sich einem positiven Resultat. Ownership beinhaltet alleinige End-to-End-Verantwortung für ein Vorhaben und wird immer von maximalen Freiheitsgraden sowie ausreichender Befähigung für das jeweilige Vorhaben begleitet. Erfolg wird so autonom und zielorientiert aus verschiedenen Zellen unabhängig vorangetrieben. Passives Inkaufnehmen von Scheitern und die Nicht-mein-Job-Einstellung gehören der Vergangenheit an.

Kollaboration

1. (Mit-)Teilen (Zusammenarbeit über Austausch und Teilen)

Austausch und Teilen von Informationen, Erfahrungen und Gedanken führt dazu, dass sich Personen verbinden und vernetzen. Gleichzeitig wird Information, Wissen und Expertise verfügbar, verbreitet, vernetzt und kombiniert. Dies erhöht die Kompetenz der Organisation als Ganzes und begünstigt bessere Entscheidungen, das Entstehen neuer Ideen, Verbesserungen und Innovationen. Der Austausch darüber, an was gearbeitet wird, ermöglicht vielfältige und selbstinitiierte Kollaboration sowie das Finden von möglichen Synergieeffekten.

2. Beitragen (Zusammenarbeit über Beiträge und Flexibilität)

Flexibilität in der Zusammenarbeit auf Seiten der Organisation und der Menschen ermöglicht die volle Nutzung des eigenen Potenzials für die Firma, ohne die Einschränkung auf festgelegte Aufgaben, Jobrollen oder Teamzugehörigkeiten. Ein Fokus auf das Liefern wertvoller Beiträge versus das Abarbeiten der dem Stellenprofil inneliegenden Aufgaben motiviert nicht nur dazu Initiative zu ergreifen und Höchstleistung zu bringen – ein solcher Fokus aktiviert selbstständiges wertschöpfungsorientiertes Denken und einen den Stärken, Motivationen und Präferenzen entsprechenden Einsatz von Menschen. Die Flexibilität ermöglicht eine Netzwerkorganisation, die Mitarbeitende in der ganzen Organisation verbindet und zur Selbstorganisation von Zusammenarbeit befähigt.

3. Lernen (Zusammenarbeit über gemeinsames Lernen und Wachsen)

Gemeinschaft im Lernen und Wachsen ist eine Art der Zusammenarbeit, die das Lernen voneinander und aus Erfahrungen und Fehlern fördert. Ein offener Umgang mit Erfolgen, Misserfolgen und Herausforderungen führt zu gemeinsamer Reflexion und Adaption und erreicht dadurch die kontinuierliche Weiterentwicklung der Organisation. Hierzu gehört das Geben und Nehmen von Feedback genauso wie das Einbringen unterschiedlicher Perspektiven und das Äußern von Bedenken, kritischen und disruptiven Gedanken. Sich gegenseitig in die Verantwortung für die Umsetzung gemeinsamer Entscheidungen zu nehmen und die Erreichung des gemeinsames Ziels: Fortschritt. Durch eine diverse und fehlertolerante Lernkultur.

5.
Transparenz

»Letztendlich kultiviert man Vertrauen, indem man eine klare Richtung angibt, den Leuten gibt, was sie brauchen, um es zu durchschauen, und geht dann aus dem Weg.«

Paul J. Zak, Gründer des Centers für Neuroökonomische Studien,
Professor an der Claremont Graduate University (übersetzt)

Transparenz ist die wichtigste Zutat für Vertrauen in Unternehmen. Sie lässt jeden selbst sehen, was innerhalb und außerhalb des Unternehmens passiert und warum. Sie ermöglicht fundierte Entscheidungen und Selbststeuerung, indem sie Auswirkungen von Maßnahmen und Reaktionen des Marktes in Echtzeit beobachtbar und verfolgbar macht. Digitale Geschäftsagilität, eine von Forschung und Praxis gleichermaßen als unverzichtbar angesehene Erfolgskomponente in disruptierten Märkten, setzt auf Transparenz und verdeutlicht so deren Bedeutung für moderne Unternehmenskulturen.

Kultur und digitale Geschäftsagilität (Digital Business Agility)

Nach dem Global Center of Digital Business Transformation (DBT-Center), einer Initiative von Cisco und der IMD Business School in der Schweiz, kann Digital Business Agility auf Verhaltensebene über drei Komponenten beschrieben werden, die sich in sehr volatilen und disruptiven Märkten als erfolgskritisch erwiesen haben (Loucks/Macaulay/Noronha/Wade 2016a):

- Hyperbewusstsein,
- informierte Entscheidungsfindung,
- schnelle Umsetzung.

Hyperbewusstsein

Angesichts des Ausmaßes und der Geschwindigkeit des Wandels in von digitaler Disruption betroffenen Märkten müssen Unternehmen Entwicklungen auf dem Markt und in relevanter Technologie genau verfolgen. Hyperbewusste Unternehmen überwachen sich abzeichnende Bedrohungen und Chancen kontinuierlich.

Informierte Entscheidungsfindung

Entsprechende Daten und Erkenntnisse müssen dann bei der Entscheidungsfindung genutzt werden. Das Bild der intuitiven Führungskräfte, die bei strategischen Entscheidungen ihrem Bauchgefühl folgen, ist alt. Intuition spielt noch immer eine Rolle, gerade wenn widersprüchliche, mehrdeutige oder unzureichende Daten vorliegen. Es ist jedoch fahrlässig, Entscheidungen ohne angemessene Datenanalyse zu treffen.

Schnelle Umsetzung

Unabhängig davon, wie gut ein Unternehmen Veränderungen und Chancen wahrnimmt oder wie akkurat ihre evidenzbasierten Entscheidungen sind, sie verlieren ihren Wettbewerbsvorteil, wenn sie bei der Umsetzung zu langsam sind. Unternehmen müssen sich schnell bewegen. Um schnell handeln, ausführen und liefern zu können, müssen Risiken eingegangen werden und Geschwindigkeit muss vor Perfektion stehen. Hier ist ein weiterer Punkt, der dem alten Bild der Führungskraft widerspricht, die Qualitätsstandards sichert und nach Perfektion strebt.

Während Transparenz die Basis für Hyperbewusstsein und informierte Entscheidungsfindung ist, wird schnelle Umsetzung vor allem von dem Kulturelement Empowerment getragen.

Transparenz kann als Grundvoraussetzung für organisatorische Agilität gelten. Nur Mitarbeitende, denen alle Informationen vorliegen, können fundierte Entscheidungen treffen, sind zur Selbststeuerung befähigt. Um Innovation und Unternehmergeist zu fördern, muss jeder Zugang zu Echtzeitinformationen und -daten haben, um datengesteuert zu entscheiden und Trends wahrnehmen zu können.

Transparenz stellt Kontext her. Kontext ist besser als Kontrolle.

Es ist auch Transparenz, die das Gefühl der Dringlichkeit herstellen und den Wettbewerbsgeist wecken kann, indem Entwicklungen auf dem Markt und bei Wettbewerbern sichtbar sind. Weiter hilft Transparenz, Mikropolitik (wie das klassische Silodenken der einzelnen Bereiche) und Misstrauen zu überwinden. Der folgende Kasten fasst die Vorteile der Transparenz zusammen.

Der Nutzen von Transparenz für die Organisation

Direkter Nutzen:

- Ermöglichen von schnellen strategischen und taktischen Entscheidungen an der Basis,
- Unterstützen von datengesteuertem und auf den Kunden ausgerichteten Entscheidungen,
- Fördern produktiver Kreativität und relevanter Ideen durch das Wissen um Herausforderungen und Chancen sowie aktuelle Prioritäten,
- Ermöglichen von Anpassungen und Verbesserungen durch transparente Leistungskennzahlen und Daten zu Kundenreaktionen,
- Liefern der Basis für das Lernen aus Fehlern, indem Fehler und Misserfolge transparent gemacht werden.

Indirekter Nutzen:

- Förderung von Augenhöhe und Fairness durch gleichen Zugang zu Information,
- Entmachten von wissensbezogenen Machtspielchen,
- Motivation und Sinnhaftigkeit durch die Sichtbarkeit von Wirkung und Effekt der eigenen Arbeit,
- Aufbau von Vertrauen.

Transparenz ist ein wichtiges Merkmal agiler Methoden, vor allem aus vier Gründen. Erstens sind Teams nur in transparenter Umgebung in der Lage, selbstverwaltend Entscheidungen zu treffen. Zweitens wird einiges an Berichts- und Kommunikationsaufwand gespart, wenn Informationen zugänglich und von jedem Stakeholder frei abrufbar sind. Drittens basiert das iterative Arbeitsprinzip auf Rückkopplungsschleifen – die Reaktion auf ein Ergebnis/eine Maßnahme muss also für das Team sichtbar sein. Viertens kann Arbeit nur priorisiert werden, wenn die Bedürfnisse des Kunden transparent sind. Daher ist es nicht verwunderlich, dass Transparenz Teil vieler agiler Methoden und Techniken ist. Transparenz ist eine fest integrierte Bedingung in der agilen Methodenkiste. Durch Transparenz werden Interessengruppen und alle im Team über Status, Priorität und Planung auf dem Laufenden gehalten. Transparenz wird hier hauptsächlich durch drei Ansätze geschaffen.

Ein Ansatz ist die Projektplanungssoftware, die in der Regel Open Access ermöglicht, Status und Backlog einzusehen. Letzterer zeigt alle in der Pipeline befindlichen Aufgaben und deren relative Priorität.

Ein zweiter Weg führt über sogenannte Informationsradiatoren. Kanban-Boards oder Charts wie Burn-down-Charts sind Beispiele. Arbeitsfortschritt wird für jeden sichtbar angezeigt (digital oder analog), ein gemeinsames Verständnis der Erfolgskriterien beziehungsweise der Ergebnisse sowie die informierte Entscheidungsfindung werden unterstützt und das Vertrauen der Stakeholder wird aufgebaut. Die Visualisierung des Fortschritts oder Arbeitsablaufs hilft auch bei der Steuerung der Arbeit, zum Beispiel durch das Erkennen von Engpässen oder das Begrenzen der gleichzeitig laufenden Arbeiten.

Der dritte Ansatz ist das tägliche Scrum- oder Stand-up-Meeting. In fünfzehn Minuten informiert jeder im Team darüber, was er gestern getan hat, was er heute tun will und was ihn gegebenenfalls daran hindert, erfolgreich(er) zu sein.

Das Kulturelement Transparenz besteht aus drei Facetten:
1. Information (Transparenz mit Information und Daten),
2. Absichten (Transparenz mit Absichten und Plänen),
3. Effekt (Transparenz mit Ergebnis und Wirkung).

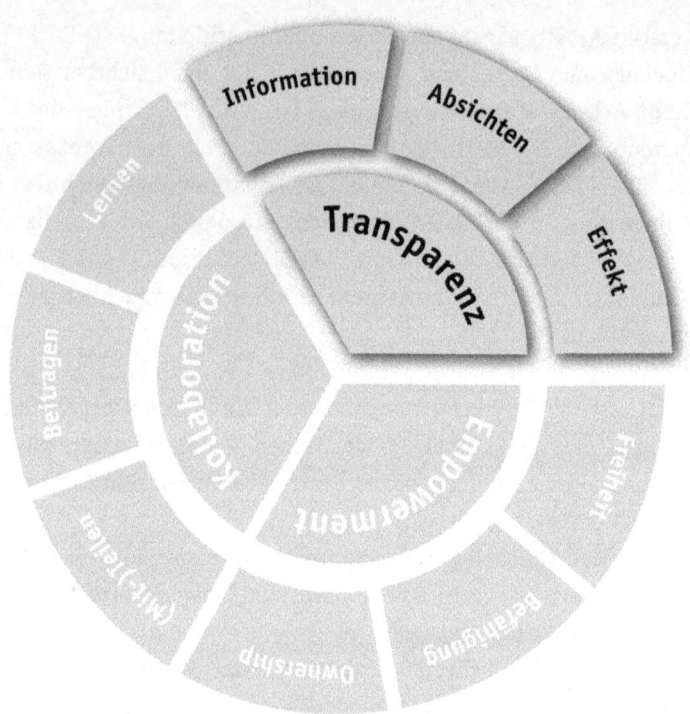

5.1 Information (Transparenz mit Information und Daten)

Bei Transparenz mit Information und Daten geht es um das Aktivieren des kollektiven kognitiven Potenzials der Menschen in der Organisation. Strategisches Denken wird auf allen Ebenen der Organisation ermöglicht. Alle haben Zugang zu den Informationen und Daten, die wichtige Inspiration und Orientierung für neue Ideen darstellen. Diese Transparenz ermöglicht informations- und evidenzbasierte kurzfristige und zukunftsgerichtete Entscheidungen.

Um das Wahrnehmen von Veränderung und Trends sowie informierte Entscheidungsfindung zu ermöglichen, ist es wichtig, eine direkte Sicht zum Kunden und damit Kundenzentrierung zu schaffen – um Ideen und Initiativen anzuregen und zu lenken.

Um schnell eine Idee von Transparenz zu bekommen, hilft es manchmal, einen Mangel an derselben zu betrachten. Transparenz klingt nach einer großartigen und unkomplizierten Arbeitsweise. Transparenz herzustellen kann jedoch eine große Herausforderung darstellen. Dies liegt aus psychologischer und organisationswissenschaftlicher Sicht an einem Phänomen, das als Geheimhaltungssyndrom beschrieben werden kann.

Das Geheimhaltungssyndrom und seine Heilung

Das Zurückhalten und selektive Verbreiten von Information ist in Organisationen wie in Politik und Gesellschaft weitverbreitet. Doch Geheimnistuerei oder der Mangel an Transparenz hat Folgen:

1. Ungleichheit, Unfairness: Personen interagieren nicht auf Augenhöhe und haben nicht die gleichen Chancen,
2. Säen von Misstrauen,
3. Antrieb von Mikropolitik und Machtkämpfen und Gerüchten,
4. eine Spaltung der Organisation in Teile mit unterschiedlichem Wissensstand.

Geheimhaltung ist meist zudem schlicht unsinnig, da die Information früher oder später ohnehin ans Licht kommen wird, dann aber oft unkontrolliert und verfälscht. Wenn die Information bekannt wird, liefert dies den Beweis für Unehrlichkeit oder – im besten Fall – den Mangel an Transparenz. Eine Entwicklung, die die aufgeführten Risiken verstärkt. Darüber hinaus verwenden Menschen viel Energie und geistige Kapazität darauf, zu spekulieren, welche versteckten Agenden bestehen, was wirklich geplant ist und aus welchen Beweggründen. Geheimhaltung fordert ihren Tribut an das Engagement und die Leistung der Mitarbeitenden. Gleichsam können durch Transparenz Engagement und Leistung der Mitarbeitenden gesteigert werden. Paul J. Zak, Professor für Wirtschaftswissenschaften, Psychologie und Management an der Claremont Graduate University, konnte eine entsprechende Wirkung anhand der Messung der Gehirnaktivität am Arbeitsplatz nachweisen (siehe auch *Harvard Business Review* 2017).

In der Praxis lassen sich zwei zentrale Beweggründe für Geheimhaltung feststellen:
- das Wissen-ist-Macht-Mindset; das Teilen von Wissen wird mit dem Teilen von Macht und damit dem Machtverlust gleichgesetzt;
- die Ich-habe-etwas-zu-verbergen-Situation (siehe Transparenz mit Absichten und Plänen).

Mangelnde Transparenz ist oft eine Hauptursache für Widerstand, nicht nur bei agilen Transformationen, sondern bei vielen Veränderungsmaßnahmen. Gleichzeitig gibt es auch einen gewissen Widerstand gegen Transparenz, nämlich dann, wenn von den Mitarbeitenden Transparenz gefordert wird. Es ist wichtig zu wissen, welcher Grund hinter der Angst vor und der Ablehnung von Transparenz steckt, um entsprechend agieren zu können. Blicken wir auf das Wissen-ist-Macht-Thema.

Wissen-ist-Macht-Problem

Es gibt hauptsächlich zwei wissens- oder informationsbezogene Probleme. Erstens: das Behandeln von Wissen beziehungsweise Information als Privileg. Dies betrifft oft Informationen über die Strategie, finanzielle Situation oder Wettbewerbsfähigkeit des Unternehmens. Informationen dieser Art werden in der Regel streng kontrolliert und von oben nach unten in militärischer Logik verteilt. Unerwünschtes Durchsickern von Information soll verhindert werden und das Vertrauen in Entscheidungen des oberen Managements ist zwingend. Auch wenn Mitarbeitende eine Entscheidung des Topmanagements nicht verstehen oder begrüßen, ist Widerspruch schwer, da man ja nicht weiß, welche Information oben vorliegt.

Kehrseite ist die belohnende Wirkung solcher Informationen. Jemanden einzuweihen ist ein schneller Weg, Wertschätzung zu vermitteln und die Position der Person aufzuwerten. Auch das ist Motivation für das Management, mit den Informationen so spärlich und selektiv wie möglich zu sein. Je weniger Menschen etwas wissen, desto mehr Wert wird der Information zugeschrieben und damit der Person, die sie besitzt. Zugang zu Wissen ist Statusmerkmal und sichert das Entscheidungsrecht.

Wissen-ist-Macht-Lösungsansatz

Eine Lösung für das erste Phänomen haben Unternehmen wie Spotify gezeigt, die radikale Transparenz eingeführt haben, wie an späterer Stelle erläutert wird. Informationen zur Marktlage, zur Situation des Unternehmens und so weiter sind für jedermann zugänglich.

Das zweite Phänomen wird angegangen, indem Konsequenzen geändert werden. Das Teilen von und nicht das Haben von Wissen wird belohnt. Anerkennung wird weniger von dem abhängig, was Personen wissen, und mehr davon, was sie anderen vermittelt haben. Einfache Maßnahmen können helfen. Hier sind zwei Beispiele:

Beispiel: Teilen von Wissen als Währung für Fortbildung
Wenn ein Mitarbeitender eine Fortbildung oder ein Training besuchen will,
kann das Teilen des gewonnenen Wissens mit den anderen im Team als Be-
dingung gesetzt werden.

Beispiel: Frei zugängliche Informationen gegen Wissensinseln
Personalentwicklungsprogramme werden typischerweise in Organisationen
selektiv durchgeführt. Das bedeutet, Führungstrainings können nur von
Mitarbeitenden mit Personalverantwortung besucht werden. Durch solche
restriktiven Angebote entsteht aber ein ungleicher Wissensstand und die Hie-
rarchiepyramide wird gestärkt. Nun gibt es natürlich gute Gründe für unter-
schiedliche Entwicklungsprogramme nach Hierarchiestufe im Unternehmen.
Doch es ist nachteilig, wenn zwar mittlere Führungskräfte über Strategien
informiert werden, nicht aber First-Line-Manager. Ein Kompromiss wäre, die
Trainingsgruppen zwar bedarfsorientiert getrennt zu halten, die Trainings-
dokumentation aber zumindest allen zugänglich zu machen.

Transparenz für Augenhöhe und Teilnahme

Selektive Informationsprozesse können zu Ungleichheit führen, in Macht,
Reputation und Einfluss sowie in Dialogen und Diskussionen. Hier kann
Transparenz zu Augenhöhe und Teilnahme beitragen.

Damit Menschen in Unternehmen effektiv Beiträge leisten und Verantwortung übernehmen, kann Wissen oft der entscheidende Schlüssel sein.

Beispiel: Digitalisierung
Mitarbeitende werden sich weniger wahrscheinlich an einem Gespräch über
die Auswirkungen der Digitalisierung auf das Geschäftsmodell beteiligen,
wenn sie sich mit dem Thema nicht auskennen. Ein Standard-E-Learning,
das über die grundlegende Logik der Digitalisierung informiert und einen
einheitlichen Mindestwissensstandard schafft, kann Abhilfe schaffen. So
können Ängste genommen und ein Denken in Richtung Lösungen und Zu-
kunft gefördert werden. Maßnahmen für die Herstellung von Transparenz

können daher auch optionale oder sogar obligatorische Schulungen sein, die zu bestimmten Anlässen und Fragestellungen im Unternehmen erfolgen.

Blicken wir wieder von oben auf das Thema, zuerst auf den Aspekt der Information.

Warum die traditionelle Informationskaskade nicht mehr ausreicht

Das interne Veröffentlichen von Berichten über Marktsituation, Finanzkennzahlen des Unternehmens oder die Strategie ist für die meisten Unternehmen nichts Neues. Die Kommunikation ist wahrscheinlich in strukturierten vierteljährlichen oder monatlichen Aktualisierungen organisiert und rinnt durch die Hierarchieebenenfilter.

Zwei Probleme tun sich auf. Ein Problem ist, dass ideale Transparenz, wie sie im TEC-Modell definiert ist, Echtzeitdaten erfordert, die jederzeit zugänglich sind. Das zweite Problem ist die Kaskadierung von Informationen nach unten. Informationen können verändert, vertuscht, vergessen, falsch interpretiert und verdreht werden. Das kann unbeabsichtigt geschehen oder um die eigene Agenda zu stützen. In klassischen Unternehmen ist gerade auf mittleren Managementebenen Informationszurückhaltung ein typisches Phänomen.

Organisationen, die größtenteils mit autonomen Teams arbeiten, verlassen sich daher nicht auf das mittlere Management, wenn es um die Herstellung von Transparenz im Umgang mit Informationen und Daten geht.

Beispiel für Informationsschwund
W. L. Gore, ein materialwissenschaftliches Unternehmen, erlebte das Problem des mittleren Managementfilters, wie in einem kürzlich erschienenen Artikel des Harvard Business Review *(Ancona/Isaacs 2019) beschrieben. Bei der Kaskadierung strategischer Informationen bis zu den Mitarbeitenden wurden immer wieder Aspekte falsch interpretiert oder durch das mittlere Ma-*

nagement nicht kommuniziert. Das Senior Management zog die Konsequenz, direkt mit den Mitarbeitenden zu kommunizieren, über Town Halls, Videos oder schriftliche Kommunikation.

Was kann daraus abgeleitet werden? Jede Organisation ist anders. Sie hat unterschiedliche Quellen und Datenarten, die unterschiedlich schnell veralten. Es gibt verschiedene Wege, Daten in alltägliche Entscheidungen, Planungen und Evaluationen einzubeziehen.

Zur Schaffung einer agilen Informationskultur gehört es somit, für die eigene Organisation, das eigene Team und sich selbst herauszuarbeiten, welche Information und Daten in welcher Form und wann gebraucht werden. Bestehende Abläufe sind zu hinterfragen und oft (siehe Beispiel) durch neue Wege zu ersetzen.

Das Ende der Informier-mich-Kultur

In traditionellen Strukturen ist es Aufgabe der Führungskraft, Informationen für ihre Teams zu filtern und über wöchentliche Briefings, monatliche Strategie-Updates oder regelmäßige Präsentation der Zahlen an das Team weiterzugeben. Datenmanagementsysteme und -analysen werden in der Regel top-down initiiert, wie auch der Kommunikationsfluss entweder top-down oder vom Zentrum zur Peripherie erfolgt.

Die Mitarbeitenden lehnen sich zurück und vertrauen darauf, dass alle relevanten Informationen rechtzeitig eintreffen. Man kennt Sätze wie »Davon habe ich nichts gewusst« oder »Die Information hat mir nicht vorgelegen«. Das ist die Informier-mich-Kultur.

Die zunehmende Verfügbarkeit und Relevanz von Daten sowie verbesserte Analyseoptionen erfordern eine neue Haltung.

1. Teams müssen die Verantwortung für das Sammeln und Nutzbarmachen von Daten übernehmen und dafür, auf dem neusten Stand zu sein;

2. Teams müssen eigene Daten und Informationen sammeln und neue Quellen suchen.

Wie eine Informier-mich-Kultur radikal ablösen?

Eine Informier-mich-Kultur kann unterschiedliche Wurzeln haben. Häufig wurzelt sie im Mangel an Möglichkeiten und/oder in mangelnder Belohnung für das proaktive Sammeln und Auswerten von Daten. Manche Mitarbeitenden oder Bereiche in Organisationen trauen sich auch nicht, Informationen einzufordern. Oft ist zudem einfach nicht bekannt, welche Daten es gibt und welchen Nutzen sie haben könnten.

Ein guter Beginn ist daher das Teilen von Beispielen und Erfolgsstorys, um überhaupt erst einmal Inspiration zu bieten. Danach kann in jedem Bereich hinterfragt werden: Welche Information könnte nutzen oder wäre interessant?

Die datengetriebene Kultur

»Wie kann ich allen Veränderungen in meiner Branche einen Schritt voraus sein? Nun, ich habe Hunderte von Spionen eingestellt, deren Aufgabe es ist, mich über die Veränderungen in ihrer Umgebung auf dem Laufenden zu halten. Sie werden Mitarbeitende genannt.«

CEO einer dänischen Bank, in Markides et al. 2018 (übersetzt)

In einer datengetriebenen Kultur sind Hyperbewusstsein und informierte Entscheidungsfindung Teil der Unternehmens-DNA und in den Ansätzen der täglichen Arbeit verankert. Ein Beispiel dafür ist der Modehändler Zara.

Beispiel: Hyperbewusstsein als Aufgabe der Mitarbeitenden @Zara
Die Mitarbeitenden von Zara, die in den Geschäften direkt mit Kunden arbeiten, haben die Aufgabe, mit Kunden zu sprechen und so herauszufinden, welche Mode derzeit gesucht wird. Die so gesammelten Informationen dienen als Entscheidungsgrundlage für neue Produkte.

Unter heutigen Marktbedingungen geht es um das Verfolgen von Trends und Entwicklungen in Technologie und anderen Feldern, die das eigene Geschäftsfeld beeinflussen könnten. Ebenso gilt es, das Marktumfeld und Ökosystem der Kunden zu beobachten und Trends zu entdecken, die für den Kunden Relevanz haben könnten. Hierzu ist es immer notwendig, Fragen zu stellen und zuzuhören.

Doch es geht um mehr als nur das Sammeln relevanter Informationen. Die gesammelten Daten müssen für alle, die davon profitieren könnten, sichtbar und zugänglich gemacht werden. In den meisten Fällen entsteht ein weiterer Nutzen, wenn diese Daten mit denen, die an anderer Stelle in der Organisation oder sogar außerhalb der Organisation gesammelt werden, kombiniert werden.

Studien zeigen (zum Beispiel Markides/Oyon/Schnegg 2018): Die aktive Förderung der Mitarbeiter, Informationen und Daten über Kunden, Trends in anderen Branchen oder Risiken zu sammeln, ist eine wichtige und erfolgskritische Facette agiler Unternehmen.

Es geht zum einen immer um die Antennen, die die Organisation hat, und zum anderen um die Kapazität für Datenverarbeitung und Konsequenz in der Anwendung von Daten für die Entscheidungsfindung – im Kleinen wie auch im strategischen Bereich: Daten weisen modernen Unternehmen den Weg.

Die Technologie bietet viele Möglichkeiten, Erkenntnisse der Mitarbeiter zu erfassen und zu analysieren. Es gibt Textanalytik und Sprachverarbeitung für Feedback, das beispielsweise über eine App aufgezeichnet wird. Die Technologie der Datenvisualisierung hilft dann, Trends zu erkennen und zu interpretieren. Agile Unternehmen nutzen verstärkt Management-Kontrollsysteme, die bei der Erfassung, Aufbereitung und Verteilung von Informationen helfen (Markides/Oyon/Schnegg 2018).

Der Zugriff auf Daten ermöglicht erst die informierte Entscheidungsfindung auf allen Ebenen. Dieser kann sehr umfangreich sein, wie das Beispiel Zalando zeigt.

Beispiel: Entscheidungen durch den Zugang zu Daten empowern @Zalando und @Netflix

Bei der Zalando SE ist das Management dafür verantwortlich, Zugang zu allen für fundierte Entscheidungen notwendigen Informationen zu gewähren. Dazu gehören die Ziele, Werte und Finanzkennzahlen des Unternehmens. Es wird auch über verschiedene weitere Leistungsindikatoren informiert, zum Beispiel Anzahl der Krankentage oder die Zufriedenheit der Mitarbeitenden. Diese Informationen bilden die Grundlage für selbstverwaltete Teams von drei bis vier Entwicklern, die ihre eigenen Entscheidungen treffen (Keppler 2018).

Netflix beschreibt sich selbst als ein Unternehmen, das eigenständige Entscheidungen der Mitarbeiter fördert. Informationen werden offen und breit geteilt: Fast jedes intern vorhandene Dokument kann von jedem Mitarbeiter abgerufen und kommentiert werden. Diese Dokumente betreffen unter anderem strategische Entscheidungen, Produkttests, aber auch Informationen über Wettbewerber.

Neben dem Empowern von dezentralem Entscheiden auf der am niedrigsten möglichen Ebene kann Transparenz auch einen entscheidenden strategischen Vorteil bedeuten. Zara oder auch Zalando sind hier Beispiele.

Beispiel: Daten als strategischen Vorteil nutzen @Zalando

Zalando ist Europas größte Online-Modeplattform. Ein Teil des Erfolgs verdankt Zalando dem konsequenten Nutzen von Daten, um Trends zu identifizieren und Geschäftsentscheidungen zu steuern. Grundlage ist die Analyse der aktuellen Verkaufszahlen – welche Produkte sich gut verkaufen und welche nicht, erklärt Rubin Ritter, Vorstandsmitglied bei Zalando, in einem Interview (CIO 2019). Die Zahlen werden dann von einem großen Team von Einkäufern auf der Grundlage ihrer Erfahrungen bewertet. Weitere Informa-

tionsquellen stammen von den Marken, die ihre Produkte auf der Plattform von Zalando verkaufen. Zalando nutzt ihre Intelligenz, um sich besser an zum Teil schwer vorhersehbare Modetrends anzupassen. Eine weitere Quelle ist die Kundschaft selbst: Kunden können Bilder ihrer eigenen Kleidung in eine virtuelle Garderobe hochladen und sie dort verkaufen. Zalando analysiert diese Kleiderschränke, um Benutzerpräferenzen zu identifizieren und individuelle Produktempfehlungen abzugeben.

Ein weiteres Beispiel einer wahrhaft datengesteuerten Firma ist Netflix. Netflix hat vor allem seinen Daten einen kritischen Wettbewerbsvorteil zu verdanken.

Beispiel: Datengesteuerte strategische Entscheidungen @Netflix

Ein Bilderbuchbeispiel für eine datengesteuerte Kultur ist Netflix. Ein Beispiel dafür, wie Netflix Daten verwendet, ist in einem Artikel in Business Insider *(Bort 2016) beschrieben, in dem Neil Hunt, Chief Product Officer von Netflix, zitiert wird: Netflix minderte das Risiko, die Rechte zum Streamen der Inhalte anderer Netzwerke zu verlieren, indem die Firma schlicht ein eigenes Studio aufbaute, in dem es ihre eigenen Inhalte erstellte. Dieses Vorhaben des reinen Digitalgeschäfts barg zwar Risiken und der Wettbewerb war groß. Doch Netflix war einzigartig positioniert – durch seine Daten. Diese verraten Netflix, welche Art von Film oder Serie das Interesse verschiedener Publika trifft, mit einer beeindruckenden Trefferquote.*
Daten bei Netflix werden nicht nur zur Unterstützung von Entscheidungen und Feed-Algorithmen verwendet. Daten entscheiden. Nicht die strategischen Ideen von jemandem, nicht die Wünsche einiger Kunden. Hunt weist auf die beiden größten Fehler hin, die anderen Unternehmen passieren: Erstens, auf die höchstbezahlte Person in der Organisation (den HIPPO) zu hören, wenn es um die Wahl einer Strategie geht. Zweitens: auf die Kunden zu hören. Das mag überraschen, aber er erklärt: »Die Kunden wissen nicht, was sie brauchen.« Die Analyse von Kundendaten verrät Erkenntnisse, die Kunden zum Teil über sich selbst nicht haben.

Da Netflix insgesamt eine datengesteuerte Organisation verkörpert, ist der Blick auf die Firmengeschichte interessant.

Exkurs Netflix

Netflix' Anfang war nicht digital. Und die Geschäftsidee, DVDs im Internet zu mieten und zu verkaufen, wurde nicht in einer Garage einiger Studenten geboren. Marc Randolph und Reed Hastings, die beiden Gründer, waren erfahrene und erfolgreiche Unternehmer, als sie 1997 Netflix (ursprünglich NetFlix) gründeten. DVDs waren gerade erst Anfang 1997 auf den Markt gekommen, sodass nur wenige DVD-Titel verfügbar und diese teuer waren. Zum Verleih boten erst wenige Videotheken DVDs an.

Das Bewusstsein für die Trends des Marktes und die sich ändernden Kundenbedürfnisse half den Gründern damals, eine Idee zu entwickeln, die den Kunden besser dienen würde und das Potenzial zum in der Disruption bestehenden Geschäftsmodell hat: DVDs über das Internet zu mieten oder kaufen und liefern zu lassen. Auch war der Versand von DVDs einfach und günstig, da sie weniger sperrig als Videos waren. Es gab einen wahrscheinlich wachsenden Kundenbedarf und die Möglichkeit, diesen mit einem unkomplizierten Service zu decken. Im Jahr 1998 nahm das Unternehmen mit dreißig Mitarbeitern seinen Betrieb auf. Das Angebot bestand zu diesem Zeitpunkt aus neunhundertfünfundzwanzig Titeln auf DVD zum Verleih und Kauf.

Innerhalb des ersten Jahres machte sich das Unternehmen durch Werbeaktionen bemerkbar, indem es kostenlosen DVD-Verleih für Kunden anbot, die einen DVD-Player einer Partnermarke kauften. Die Visibilität des Unternehmens Netfilx auf dem Markt wurde deutlich erhöht, als Netflix aufhörte, DVDs selbst zu verkaufen, sondern sie zu Amazon leitete, die dafür auf ihrer Website Werbung für Netflix schalteten. Es folgten weitere Partnerschaften und Investitionen in Marketing und Ausbau des Angebots (zum Beispiel über Abonnementpläne), um die marktbeherrschende Stellung zu halten, während immer mehr Wettbewerber auftauchten. 1999 beschäftigte das Unternehmen einhundertzehn Mitarbeiter. Gesetzt wurde auf die Steigerung des Marktanteils, regelmäßige Verluste wurden in der Hoffnung in Kauf genommen, dass sich Rentabilität ab einer gewisse Popularität einstellt.

Und es gab Daten, die nur darauf warteten, zur Verbesserung des Service verwendet und zu Geld gemacht zu werden. Daten, die das Unternehmen bereits hatte, wurden aktiv ergänzt, indem Kunden Listen von DVDs bewerteten. Empfehlungen konnten durch diese Daten weiter angepasst werden, zum Beispiel durch Vorschläge, die zwei verschiedenen Benutzern gefallen könnten (zum Beispiel einem Ehepaar), und sie konnten mit Filmstudios geteilt werden.

Expansion (zum Beispiel mehr Distributionszentren für Übernachtversand) war die Antwort von Netflix auf den wachsenden Wettbewerb im Jahr 2003. Das Unternehmen erreichte die Eine-Million-Kundenmarke und verzeichnete sein erstes profitables Quartal, nach fast fünf Jahren im Geschäft.

Nun bot sich eine weitere Gelegenheit für einen frühen Start, als Netflix Anzeichen für eine Umstellung auf Online-Video-Streaming beobachtete.

Dieses neue Geschäft brachte seine eigenen Herausforderungen mit sich, aber Netflix blieb dran und konnte seinen bisherigen Erfolg fortsetzen und das DVD-Geschäft sogar ausbauen. Im Jahr 2009 betreute Netflix bis zu zehn Millionen Kunden mit über einhunderttausend DVD-Titeln.

Trotz Anfangsschwierigkeiten verfolgte Netflix das Video-Streaming. Mitarbeitende wurden ausgewählt und beauftragt, sich nur auf das Streaming zu konzentrieren und den neuen Service so aufzubauen, als würden sie ein Start-up gründen. Auf den Markt brachte Netflix seinen Video-Streaming-Service dann 2007. Vier Jahre später erklärte Netflix das Streaming zum Kern seiner Strategie. Bis 2016 brachte dies vierundneunzig Millionen neue Kunden und machte Netflix zur top Web-Primetime-Unterhaltung.

Infrastruktur war schon immer im Fokus und führte dazu, sich an einen Wettbewerber zu wenden: Amazon. Durch eine Kooperation mit Amazon, das über einen eigenen Streaming-Service verfügte, konnte Netflix seinen Kunden die beste Backend-Infrastruktur anbieten.

Mittlerweile hatte Netflix so viele Daten über Kundenpräferenzen, dass sie im großen Stil verwendet wurden – für die Auswahl neuer Inhaltsangebote und sogar die Erstellung eigener Inhalte. Netflix konnte vorhersagen, welche Art von Inhalten den Kunden zusagen. Das Erwerben der Lizenz für die Erfolgsserie *House of Cards* war kein Glück – die Entscheidung für die Show wurde durch Algorithmen getroffen. Nicht einer bei Netflix schaute sich auch nur eine Folge testweise an. Netflix' eigene Shows (zum Beispiel *Orange Is the New Black*) folgten der gleichen Logik.

Netflix nutzt hier seine digitale Kompetenz als Vorteil: Mit Cloud Computing stellt Netflix sein Studio in die Cloud, um alles von der Logistik (zum Beispiel Versand von Kameraausrüstung) bis hin zur Fernbearbeitung von Filmen zu steuern.

Selbst herzustellen, was der Kunde will, ist die Spitze des Eisbergs des personalisierten Service, für den Netflix bekannt ist. Sobald sich ein Kunde bei Netflix einloggt, erhält er eine Empfehlung auf der Grundlage seiner bisherigen Präferenzen und Vorhersagen auf Grundlage endloser Kundendaten. Die vorgeschlagenen Shows sind in Clustern aufgelistet, die speziell für diesen Kunden zusammengestellt und priorisiert wurden. Im nächsten Schritt könnte Netflix die Empfehlungen basierend auf Kontextfaktoren wie der Tageszeit ändern.

Heute ist Netflix mit mehr als hundert Millionen Abonnenten eines der größten Unterhaltungsunternehmen. Netflix beschäftigt über siebentausend Mitarbeiter. Netflix beherrscht die digitale Transformation, disruptiert selbst und passt sich an gegebene Veränderungen an. Im Mittelpunkt des Erfolgs stehen zwei Komponenten: Daten und Analytik und Menschen, die bereit sind, sich von Daten leiten zu lassen. Die Unternehmenskultur, auf die noch eingegangen wird, ist hierbei ein kritischer Faktor des Erfolgs.

Ein weiterer Aspekt von Transparenz mit Information und Daten ist die Möglichkeit, Menschen über ein gemeinsames Gefühl von Dringlichkeit zusammen und zum Handeln zu bringen.

Transparenz für ein Gefühl der Dringlichkeit und das Mobilisieren von Energie

Für HCL Technologies war Transparenz ein zentraler Aspekt bei ihrer Transformation. Indem die Mitarbeitenden mit eigenen Augen sehen konnten, wo das Unternehmen steht und was in Zukunft passieren wird, schuf HCL ein Gefühl der Dringlichkeit.

Die gleiche Erfahrung machte das britische Unternehmen Happy, das seine Transformation damit begann, den Mitarbeitenden gnadenlos offenzulegen, wo das Unternehmen stand. Natürlich besteht das Risiko, Mitarbeitenden Angst zu machen und Starre oder Flucht auszulösen. Wenn wir uns bedroht fühlen, erstarren wir, fliehen oder kämpfen. Doch Angst kann in Energie und Vorwärtsbewegung umgewandelt werden, wenn es eine überzeugende Vision und Strategie gibt, die hoffen lässt. Wenn nun aufgezeigt wird, wie jeder Mitarbeiter zur Strategie beitragen und helfen kann, das Ruder herumzureißen, wird Energie freigesetzt. Wenn auch noch sichtbar ist, wie jeder Mitarbeiter persönlich vom Turnaround profitiert, ist es ein Selbstläufer.

»Ohne Information kann man keine Verantwortung übernehmen. Mit Information kann man Verantwortung nicht umgehen.«

Jan Carlzon, früherer CEO bei SAS Airlines (übersetzt)

Die Situation eines Unternehmens, einer Abteilung oder eines Teams oder Status, Chancen und Risiken eines Projekts transparent zu machen, kann ein Gefühl der Dringlichkeit schaffen und Menschen motivieren etwas beizutragen.

5.2 Praktische Hacks zu mehr Transparenz mit Information und Daten

Hack bedeutet eigentlich, ein Sicherheitssystem zu knacken oder zu umgehen, um ans Ziel zu kommen. Heute glaubt mancher, mit Culture Hacks eine Kultur verändern zu können, und leitet so oft sporadische und zufällige Aktionen ein, die allerdings ohne eine systematische Einordnung in ein theoretisches Konzept von Kultur und ein klares und sinnvolles Wunschbild verpuffen. Auch entsteht mehr Irritation als Wirkung, weil nicht ganzheitlich gedacht und gehandelt wird.

Die vorangegangenen Kapitel haben schon gezeigt, dass es für einen erfolgreichen Kulturwandel sechs Voraussetzungen gibt, die erfüllt sein sollten – dann wird eine Initialzündung benötigt, damit bildlich gesprochen ein Feuer entzündet werden kann, das sich auf die gesamte Mannschaft wie ein Virus ausbreiten kann. Es braucht zudem ein klares, inspirierendes und erfolgsrelevantes Zukunftskonzept mit individuellem Bezug.

Wird die Transformation ganzheitlich betrachtet und werden ihre Wirkmechanismen erkannt und berücksichtigt, können Hacks nützliche und einfache, schnelle Booster sein, die mit wenig Aufwand Effekt erzielen. In diesem Rahmen werden jene Hacks, die sich in der Praxis bewährt haben, daher auch in diesem Buch herausgearbeitet.

Die folgende Checkliste zeigt grundlegende und unterstützende Maßnahmen für das Gelingen einer Transformation. Es sind die wichtigsten Aspekte, die – wenn sie vergessen werden – das Risiko eines Scheiterns dramatisch erhöhen. Die Liste der Hacks enthält Ideen für einfache Aktionen oder Schritte, die sich bei Einführen, Ausweiten und Fördern des Kulturelements bewährt haben. Diese Hacks sollen Ideen liefern, aber auch inspirieren, eigene Ideen zu entwickeln und auszuprobieren.

Aber bitte vergessen Sie nicht: ein Zaubermittel für Agilität gibt es nicht. Agil bedeutet mutig zu sein, sein Handeln an der Umgebung auszurichten und sich an den Stärken und Potenzialen der Organisation oder des Teams zu orientieren. Agil bedeutet, eine Herausforderung Schritt für Schritt anzugehen. Einen Schritt gehen, Wirkung überprüfen, reflektieren und bei Bedarf anpassen, und weiter geht es. Es gibt keinen Masterplan und den braucht es auch nicht. Agil ist Planung auf Sicht und das Erlangen von Meisterschaft durch Tun.

Checkliste

❑ Lass andere auf alle Daten zugreifen, die du hast – mache sie sichtbar oder zugänglich;

❑ gehe auf andere zu, für die deine Informationen oder Quellen interessant sein können; poste gegebenenfalls im internen sozialen Netzwerk.

Finde und/oder verbinde wichtige Datenquellen in der Firma:

❑ Verschaffe einen Überblick über die verfügbaren Daten und Information und prüfe, wie sie genutzt werden können;

❑ suche nach weiteren Möglichkeiten der Datenerhebung oder -sammlung;

❑ arbeite mit anderen darin zusammen, Daten zu kombinieren, um so weitere Erkenntnisse zu gewinnen;

❑ denke außerhalb deines Bereiches: Wer könnte sonst noch von der Information profitieren? (Kollegen, Kunden, Zulieferer, Wettbewerber, ...)

Suche nach relevanten Informations- und Datenquellen außerhalb der Organisation:

❑ Suche zuverlässige Onlinequellen, Blogs, Newsletter, Podcasts, Zeitschriften;

❑ tritt Interessengruppen bei;

❑ baue ein Expertennetzwerk auf;

❑ gründe Kreise mit Kunden oder Wettbewerbern für regelmäßige Diskussionen zu neuen Trends und Entwicklungen;

❑ suche nach Möglichkeiten, Daten mit/von anderen (Lieferanten, Kunden, Wettbewerbern, ...) zu teilen oder zu erlangen.

Mache Datenanalyse zu einem Standardelement im Entscheidungsprozess:

❑ Es geht um informierte und objektive Entscheidungen. Welche Daten, welche Informationen sind relevant für die Entscheidung?

❑ Denke allgemein und im Kleinen – hast du Zugriff auf alle Daten, die für eine informierte Entscheidung nötig sind? Suche nach Wegen und/oder fordere Zugang zu der Information, egal, wer diese besitzt.

Hacks

❏ Wissen die anderen, was ich weiß?

Überlege: Was hilft dir dabei, Tag für Tag Entscheidungen zu treffen? Wie können andere davon profitieren und kannst du das ermöglichen? Sie werden sehen, wie Transparenz mit Daten und Informationen die Zusammenarbeit verbessern kann.

❏ Habe ich das ganze Feld im Blick?

Reserviere einen dreißig- bis sechzigminütigen Termin pro Woche dafür, zu prüfen, ob du alle nötigen Daten hast um

• informierte Entscheidungen zu treffen,

• neue Ideen für Verbesserungen oder Innovationen zu entwickeln,

• in der Lage zu sein, sich verändernde Umstände schnell zu erkennen und sich darauf schnell einzustellen.

Merke: Dies gilt für strategische Themen genauso wie für operative Themen.

Betrachte:

• Entwicklungen und Trends am Markt,

• digitale Entwicklungen und Neuerungen in der Technologie,

• die neusten Herausforderungen, vor denen deine Kunden stehen,

• Pläne von und Entwicklungen bei Konkurrenten und in verwandten Branchen,

• die aktuellen internen strategischen Überlegungen und Initiativen.

❏ Blocke ein Zeitfenster, vielleicht eine Stunde pro Woche, um alle neuen Informationen durchzusehen, die du im Laufe der Woche gesammelt hast. Ziehe in Betracht, eine Zusammenfassung mit anderen zu teilen (zum Beispiel in einem Teammeeting oder Blogpost).

Checkliste

Verpflichte dich der Transparenz und lege alles auf den Tisch:

☐ Wenn es keinen zwingenden Grund zur Geheimhaltung einer Information oder Quelle gibt – mache sie für alle zugänglich; denke an Unternehmen wie Netflix oder Zalando, die sich bewusst dafür entschieden, das Risiko des Durchsickerns sensibler Informationen zu akzeptieren, damit alle Mitarbeitenden informiert sind und die Fülle der Informationen nutzen, um Wettbewerbsvorteile zu erlangen.

☐ Welche Informationen und Daten sollten jedem bekannt sein? Finde Wege, sie sichtbar zu machen/zu visualisieren.

Identifiziere und/oder kombiniere Datenquellen:

☐ Erstelle eine Übersicht über verfügbare Daten und ihren Anwendungsbereich,

☐ suche nach neuen Datenquellen, intern und extern,

☐ denke außerhalb von Silos: Wer könnte noch von der Information profitieren?

Identifiziere relevante Datenquellen außerhalb der Organisation:

☐ Stelle eine Plattform für die Information zur Verfügung,

☐ organisiere regelmäßigen Austausch über Organisationsgrenzen hinweg.

Mache Datenanalyse zu einem Standardelement in Entscheidungsprozessen:

☐ Designe Prozesse oder automatisiere die Analyse und Anwendung von Daten;

☐ mache zu einer Bedingung, einen Plan zu haben, wie Erfolg gemessen und überwacht werden kann; für jeden Vorschlag für ein neues Produkt, einen neuen Service, ein neues Projekt, für Ideen für Veränderungen oder Verbesserungen;

☐ belohne Mitarbeitende für das Finden oder Organisieren neuer Datenquellen und für das Sammeln von Information.

☐ Sei Vorbild – bist du transparent mit dem, was du weißt und nicht weißt?

☐ Kennt jeder die Daten, Gedanken und Überlegungen hinter der Strategie?

☐ Kennt jeder die aktuellen Prioritäten und deren Begründung?

☐ Sind die Implikationen für alle klar?

☐ Ist transparent, wo die Firma heute steht? Gemessen an den Zielen? Im Vergleich zur Konkurrenz? In den Augen der Kunden (zum Beispiel Net Promoter Score, Kundenbewertungen, Feedback)?

Hacks

❑ Jeden für sich selbst sehen lassen:

Veröffentliche die Zahlen. Mache die Situation der Firma, der Abteilung, des Teams transparent, genauso wie den Status, Erfolg und Misserfolg der Einheiten und Projekte. Zum Beispiel ROI, Balance Sheets, Vergleich mit Wettbewerbern, Trendanalysen, andere Kennzahlen (Wecken von Ehrgeiz, Wettbewerbsgeist/Gefühl von Dringlichkeit).

❑ Ersetze die Frage »Was muss jeder wissen?« mit »Welche Informationen und Daten haben wir?«:

Transparenz mit Informationen und Daten braucht keine Filter. In dem Moment, in dem man anfängt, selektiv zu informieren, wird Transparenz untergraben.

Dein Job ist es, alle Daten zur Verfügung zu stellen und andere wählen zu lassen, was sie brauchen. Eines ist so garantiert: Es wird mehr und differenziertere Antworten auf die Frage »Was können wir mit den Daten und Informationen machen?« geben, wenn jeder selbst einen Blick auf die verfügbaren Daten aus der eigenen Perspektive werfen kann.

❑ Nominiere einen »Chief Information Officer«.

Agile Methoden/Tools

❑ Informationsradiatoren (Information Radiators),

❑ Visionstafeln (Vision Boards).

5.3 Absichten (Transparenz mit Absichten und Plänen)

Transparenz mit Absichten und Plänen dient dazu, alle darüber informiert zu halten, was gerade in Planung ist und auch warum. Eine Offenheit mit Plänen und den Absichten, die mit diesen verfolgt werden, schafft Klarheit, Orientierung und Vertrauen. Menschen können ihre eigenen Ziele in Abstimmung mit den Absichten und Plänen der Organisation formulieren und anpassen sowie ihre Aufgaben oder Beiträge entsprechend priorisieren. Dabei können alle auf Basis des Warums unabhängig, aber zielkonform Lösungsansätze entwickeln.

Transparenz ist eine wichtige Voraussetzung für Vertrauen. Für eine agile Kultur gilt es aber mehr zu leisten als nur alle Karten auf den Tisch zu legen.

Was kommuniziert wird, muss glaubwürdig sein. Es wird zum einen glaubwürdig, wenn es durch Informationen und Daten unterstützt wird. Dazu gehört weiterhin, transparent zu machen, wie sich die Pläne begründen. Absichten und Plänen des Unternehmens offen zu vermitteln, verhindert Spekulationen, Sorgen und Misstrauen und schafft Vertrauen. Informationen werden nicht zurückgehalten, um Vorteile zu erlangen, jeder hat den gleichen Zugang und kann auf Augenhöhe mitreden.

Das spart enorme Mengen an persönlicher Energie, die Menschen andernfalls verschwenden, um Gerüchten nachzugehen und ständig zu versuchen, zwischen den Zeilen zu lesen. Angst vor unerwarteten oder überraschenden Wendungen, die niemand kommen sieht, wird genommen und das wichtige Gefühl der Kontrolle stellt sich bei den Betroffenen ein.

Transparenz verhindert außerdem Enttäuschungen: Man weiß, was man zu erwarten hat, und weiß selbst, wie man sich darauf einstellen kann. Bei Netflix zum Beispiel wird viel Zeit in Diskussionen über die Strategien investiert. Mit dem Ziel, dass die Strategie von allen vollständig verstanden wird, sodass jedem darin vertraut werden kann, Taktiken ohne Genehmigung oder Absprache durchzuführen.

Ganz ähnlich gestaltet sich die Transparenzkultur bei Zalando. Zalando spricht von einem Drei-Komponenten-Konzept in der Führung, das neben Transparenz auch Empowerment als zweite Säule agiler Kulturen wunderbar illustriert.

Beispiel: Transparente Absichten und Pläne @Zalando

Es ist ein sehr einfaches Drei-Komponenten-Konzept, das der Vice President Product – Transactional Core Platform and Logistics bei Zalando Technology, Jan Bartels, in einem Interview 2018 mit dem Handelsblatt *zusammenfasst:*
1. Klarheit (Clarity), 2. Vertrauen (Trust), 3. Entwicklung fördern (Foster development).
Klarheit bezieht sich auf die Klarheit der strategischen Ziele. Eine konkrete Definition der Quartalsziele, um den Mitarbeitenden Orientierung zu geben. Vertrauen: Sobald die Mitarbeitenden die Ziele kennen, wird ihnen vertraut, dass sie ihren Teil dazu beitragen – wie genau, entscheiden sie selbst. Sind die Ziele klar, können sich die Mitarbeitenden selbstständig orientieren. Förderung der Entwicklung bedeutet, die Mitarbeitenden darin zu unterstützen, ihr Potenzial zu entfalten.

Transparenz mit der eigenen Arbeit

Auch auf Seiten der Mitarbeitenden darf Transparenz nicht vernachlässigt werden. Eine transparent geführte Organisation wird nicht den vollen Nutzen erzielen, wenn Mitarbeitende Informationen zurückhalten, manipulieren oder verwenden, um ihre persönliche Agenda zu stützen. Einfache Dinge wie Offenheit damit, woran gearbeitet wird – woran das Team oder die Abteilung arbeitet –, und ein Austausch der Ergebnisse und Erkenntnisse sind oft nicht gegeben. Motive für mangelnde Transparenz am Arbeitsplatz können vielfältig sein. Betrachten wir ein paar Motive und wie man mit ihnen umgeht.

Vier Hauptaspekte sind hier wichtig:

- anderen mitzuteilen, woran man arbeitet,
- Status und Fortschritt der Arbeit sichtbar zu machen,
- die strategischen Überlegungen hinter der eigenen Arbeit und den Prioritäten zu teilen,
- offen über Erfolge und Misserfolge zu sprechen.

Unternehmen, in denen Menschen mit ihrer Arbeit transparent sind, erleben nicht nur ein größeres Maß an und effektivere Zusammenarbeit (siehe Kollaboration); sie haben auch eine zufriedenere und produktivere Belegschaft, was auch auf das ausgeprägte Vertrauen zurückzuführen ist. In Umgebungen, in denen Transparenz nicht gegeben ist, ist es wichtig, beide Seiten anzusprechen: die Unternehmensleitung sowie die Mitarbeitenden und Führungskräfte, wie bereits mit dem Punkt des Geheimhaltungssyndroms unter Transparenz mit Information eingeführt. Verbesserungspotenzial besteht sehr häufig. Vor allem in Veränderungsprojekten, die oft mit Strukturveränderungen verbunden sind, wird hinter verschlossenen Türen eifrig geplant, wobei bestimmte Personen sehr selektiv einbezogen werden, die ihrerseits zur Geheimhaltung verpflichtet sind. Führungskräfte sind in der schwierigen Position, mehr zu wissen, als sie mit ihren Teams teilen können. Gerüchte verbreiteten sich, Sorgen und Ängste und eine Jeder-für-sich-Haltung werden geschürt.

Die Ich-habe-wirklich-etwas-zu-verbergen-Situation

Auf Seiten der Mitarbeitenden findet sich regelmäßig eine Ich-habe-wirklich-etwas-zu-verbergen-Situation. In Bezug auf diese Ich-habe-wirklich-etwas-zu-verbergen-Situation folgen an dieser Stelle Informationen zu Antitransparenz-Symptomen und dem Umgang mit ihnen:

In dieser Symptomkategorie finden sich vor allem drei Problemstellungen:

- Integritätsprobleme,
- Leistungsprobleme
- und Probleme bezogen auf mangelnde Wichtigkeit oder Redundanz der eigenen Rolle.

Integritätsprobleme: In diese Kategorie fallen Verschleierungsversuche und Intransparenz von Personen, die sich rechtswidrig oder unethisch verhalten.

Leistungsprobleme: Ein weniger offensichtlicher Fall liegt vor, wenn Stellen fehlbesetzt sind. Nach dem Peter-Prinzip (Peter/Hull 1969) werden Personen aufgrund ihres bisherigen Erfolgs befördert, bis sie schließlich ein Level erreichen, auf dem sie keine starke Leistung mehr bringen können. Eine Folge davon, dass Potenzial bei Beförderungsentscheidungen unberücksichtigt bleibt. Es gibt viele weitere Möglichkeiten, in eine Position zu kommen, für die man nicht gerüstet ist. Netzwerke und Vitamin B, mikropolitisches Geschick, beeindruckendes Impressionsmanagement, unqualifizierte Personalentscheidungen. Möglicherweise kennen Sie so jemanden: Meetings werden frühzeitig verlassen, bevor Aufgaben verteilt werden, man ist zu beschäftigt, um etwas zu liefern, ... Häufig sind sich Personen bewusst, dass sie eigentlich fehlplatziert sind, und tun ihr Bestes, es zu vertuschen.

Wichtigkeitsmangel: Ein anderer, wenig offensichtlicher Fall ist drohender Bedeutungsverlust einer Rolle. Eine agile Transformation verändert zum Beispiel häufig die Relevanz bestimmter Jobs und Rollen.

Auch hier besteht die Tendenz unter Betroffenen, die schwindende Relevanz ihrer derzeitigen Rolle beziehungsweise einen Mangel an relevanter Arbeit zu verbergen. Wir sehen es jeden Tag, wenn Unternehmen Arbeitsplätze abbauen, die beispielsweise durch künstliche Intelligenz überflüssig werden. Siehe Zalando – wo kürzlich der Abbau von zweihundertfünfzig Marketingspezialisten angekündigt wurde, deren Aufgaben von technologieorientierten Lösungen oder von Datenanalysten übernommen werden (Rubin Ritter, Co-Direktor bei Zalando, *FAZ.NET* 2019).

Bei Führungsrollen hat dieses Thema noch eine ganz andere Relevanz. Empowerment und Selbstmanagement sowie das Scrum-Konzept des Scrum-Masters und Product Owners übernehmen viele Funktionen, die klassischerweise Führungsaufgaben waren.

Es gibt nicht wenige Organisationen, in denen Menschen in Positionen sitzen, die nicht mehr oder nicht mehr in gleichem Ausmaß benötigt werden. Anstatt aktiv nach neuen Aufgaben und Verantwortlichkeiten zu suchen, verstecken sich einige Betroffene lieber hinter mit Meetings vollgestopften Agenden. Es ist bekannt, dass Agilität gnadenlos ist, wenn es darum geht, so etwas aufzudecken. Das tägliche Stand-up-Meeting ist ein gutes Beispiel dafür. Was hast du gestern gemacht? Was wirst du heute tun? Was ist dir im Weg? Zwei von drei Fragen, die Schweißtropfen auf der Stirn der Betroffenen produzieren.

Wenn dieser letzte Absatz einen wunden Punkt trifft, keine Sorge, es ist wahrscheinlich nicht die eigene Schuld. Aber es ist Zeit, nach neuen Möglichkeiten zu suchen, um wieder einen Beitrag zu leisten und wieder tatsächliche Bedeutung zu erlangen.

Die spannende Frage ist: Welche Lösungswege können beschritten werden? Hier hilft ein Denken in den Symptomkategorien Integrität, Leistung und mangelnde Wichtigkeit. Der erste Problemkomplex, in dem es um mangelnde Integrität geht, lässt sich am besten mit Strukturen lösen, die Transparenz schaffen und so abweichendes Verhalten verhindern. Der zweite Fall mangelnder Passung zum Job ist in erster Linie Führungsthema und muss konfrontiert und gelöst werden, indem eine passende Rolle gefunden wird. Im dritten Fall, wenn das Erklimmen der Hierarchieleiter als ultimativer Spiegel des persönlichen Erfolgs betrachtet wird, bedeutet eine Herabstufung Gesichtsverlust und ist daher eine selten akzeptierte Maßnahme. In Unternehmen aber, wo verschiedene Karrierepfade unterstützt werden und persönliche Karriere im gleichen Maße im Wachstum durch den Erwerb unterschiedlicher Erfahrungen, Fähigkeiten oder weiterer Spezialisierung definiert wird, ist ein Schritt nach unten einfach ein Schritt in eine andere (neue) Rolle. Eine solche lebendige Kultur ermutigt, nach der Position zu suchen, die es einem ermöglicht, über das Einbringen eigener Stärken einen Beitrag zu leisten, egal wo in der Pyramide die Position angesiedelt ist.

Wenn das Problem eine redundante Position ist, ist Flexibilität die Antwort. Dies bringt uns zu einem Punkt, der später diskutiert wird. Es ist ein gängiger Fehler, eine Transformation als eine Reise von A nach B zu betrachten, wobei B eine agilere Struktur ist. Selbst die beste Struktur könnte morgen weniger ideal sein. Entscheidend ist die Anpassungsfähigkeit und die Ausrichtung am jeweiligen Kundenbedarf. Wenn sich das Portfolio ändert, muss sich das Set-up ändern. Das Gleiche gilt im Kleinen. Eine Abteilung, die zwei Teamleiter hatte, braucht vielleicht nur einen oder keinen mehr, da sich Menschen und Prozesse innerhalb der Abteilung entwickeln. Ein Festhalten an einer Position oder Rolle ist also der falsche Zug.

Transparente Pläne: Information visualisieren

Ein weiterer nicht zu unterschätzender Aspekt gelebter Transparenz von Plänen und Absichten ist die Visualisierung. Blicken wir auf die eigene Arbeit im Allgemeinen.

In der agilen Methodik werden Informationen in der Regel von sogenannten Informationsstrahlern (Information Radiators) bereitgestellt. Kanban und seine Kanban-Tafel sind wahrscheinlich der bekannteste Informationsstrahler. Eine einfache Tafel, die in drei Basisspalten unterteilt ist: »zu tun«, »in Bearbeitung« und »erledigt«. Diese Darstellung hilft auch, laufende Arbeit zu minimieren und sich auf das Fertigstellen von Arbeiten zu konzentrieren, um der häufigen Tendenz entgegenzuwirken, zu viele Projekte auf einmal zu starten oder ein neues Projekt zu starten, statt ein altes erst zu beenden. Ein Informationsstrahler kann für ein Team, eine Abteilung oder ein Unternehmen funktionieren, wobei der Detaillierungsgrad angepasst wird. Auf Unternehmensebene könnten Vision Boards oder Portfolio Boards eine gute Wahl sein.

Beispiel: Transparenz mit Informationsstrahlern @Vistaprint und @Fidelity

Fidelity (zum Beispiel Fidelity Portfolio Funding Wall) oder Vistaprint (Vistaprint Enterprise Visibility Room) benutzen Portfolio- oder Projekttafeln, um die Hauptaktivitäten sichtbar zu machen. Sie dienen dem Topmanagement zur Entscheidungsfindung und bieten Transparenz für die ganze Organisation.

Indem die Aktivitäten nach Priorität organisiert sind, helfen sie Teams, ihre eigenen Pläne darauf abzustimmen. Das Aufzeigen davon, wie die einzelnen Aktivitäten zum gemeinsamen Ziel beitragen/sich in die Strategie einfügen, hilft Teams, die Relevanz ihrer Arbeit zu erkennen. Auch kann angezeigt werden, wie sich das Budget auf die verschiedenen Projekte und Gruppen verteilt. Kontaktpunkte und Abhängigkeiten zwischen Teams können so ebenfalls visualisiert werden. Dies hilft den Einzelnen beim Navigieren ihrer Prioritäten.

Welche Visualisierungen gewählt werden, ist aus psychologischer Sicht zweitrangig. Entscheidender ist das tägliche Erleben im Arbeitsprozess. Visualisierungen helfen Einzelnen, Teams und größeren Einheiten, sich abzustimmen und ihre Relevanz zu erkennen. Gerade für die Priorisierung von Projekten und die nachvollziehbare Zuweisung von Ressourcen sind Visualisierungen eine populäre wie wirkungsvolle Maßnahme.

5.4 Praktische Hacks zu mehr Transparenz mit Absichten und Plänen

Transparenz mit Absichten und Plänen für jede(n) Einzelne(n)

Checkliste

Bleibe auf dem Laufenden:

❑ Sammle alle relevanten Quellen, die Informationen zu Strategie, aktuellen Diskussionen und Plänen der Firma liefern;

❑ reflektiere, ob du die Absichten der Organisation vollumfänglich verstehst; wenn nicht – wer könnte hier helfen? Zu welchen Informationen fehlt dir Zugang?

❑ Zeige Interesse an dem, was andere tun und planen;

❑ frag nach, wenn Motive und Intentionen für einen Plan nicht klar geschildert werden;

❑ frag nach, wie ein neues Projekt oder eine Entscheidung zu den Gesamtzielen der Organisation oder den Firmenwerten passt.

Informiere andere:

❑ Werde zum Botschafter für Vision, Mission, Sinnzweck und Strategie der Organisation, deines Teams/deiner Abteilung;

❑ kommuniziere deine Pläne, Prioritäten und Absichten und lege offen, wie sich diese in das Gesamtbild einordnen;

❑ stelle sicher, immer auch die Überlegungen und Intentionen, die dahinterstehen, zu kommunizieren, wenn du ein Projekt, eine Aufgabe, ein Ergebnis oder eine Bitte präsentierst;

❑ fordere andere aktiv auf, Fragen zu stellen, die helfen, deine Absichten zu klären.

Checkliste

❑ Überprüfe, ob Vision, Mission und Sinnzweck der Organisation hundert Prozent transparent sind, und prüfe, ob sie auf allen Ebenen der Organisation verstanden werden;

❑ sammle Feedback, ob es zu den Themen genug Kommunikation und Dialog gab;

❑ finde heraus, ob auf allen Ebenen aktuell über die Themen gesprochen wird; wenn nicht, suche nach Wegen, dies zu ändern;

❑ erarbeite eine Vision, Mission und einen Sinnzweck mit und für das Team, die Abteilung oder die Einheit und fange Gespräche dazu an;

❑ finde heraus, welche Kanäle, Plattformen und Methoden am besten geeignet sind, Transparenz herzustellen und Dialoge zu Intentionen und Plänen anzuregen; ziehe agile Tools in Betracht (siehe unten).

Hacks

❑ Mache es zur Gewohnheit, in Meetings dem Thema Raum zu geben und offene Diskussionen anzuregen;

❑ lass Personen mit Einfluss und Topführungskräfte über ihre Gedanken, Absichten und Pläne sprechen.

Agile/andere Methoden/Tools

❑ Produkt- und Projekt-Vision-Boards,

❑ Firmen-Visionstafel/-Strategietafel (digital oder sichtbar, zum Beispiel in der Cafeteria),

❑ Portfolio Board (Überblick über aktuelle Initiativen),

❑ Enterprise Social Network,

❑ Newsletter,

❑ Town-Hall-Meetings.

5.5 Effekt (Transparenz mit Ergebnis und Wirkung)

Transparenz mit den Ergebnissen und der Wirkung der Arbeit regt ergebnisorientierte Selbststeuerung an. Sie ermöglicht Selbstkorrektur und das laufende Modifizieren der Planung sowie taktische Prioritätensetzung. Notwendigkeit zur Anpassung und Chancen für Verbesserungen werden schnell erkannt und können beobachtet werden. Kundenorientierung wird durch unmittelbare Feedbackschleifen und -quellen gefördert und eine entsprechende Ausrichtung am Kunden ermöglicht. Durch die Möglichkeit, Ergebnis und Wirkung der eigenen Arbeit zu sehen, wird Arbeit als bedeutungsvoll, sinnerfüllt erlebt.

Arbeit wird dann als bedeutungsvoll, sinnvoll wahrgenommen, wenn sie etwas bewirkt. Wenn für Mitarbeitende erkennbar wird, dass ihre Arbeit etwas bedeutet, den Kunden, der Organisation, der Welt oder ihnen persönlich. Dahinter stecken psychologische Grundbedürfnisse. Menschen möchten ihre Umwelt gestalten und etwas bewirken. Um die Bedeutung erkennen zu können und die motivierende und erfüllende Wirkung erleben zu können, müssen der Effekt des eigenen Tuns, die Wirkung der eigenen Arbeit spürbar und sichtbar sein. Für einen Handwerksbetrieb ist es relativ einfach. So kann ein Installateur beispielsweise jeden Tag das Ergebnis seiner Arbeit sehen. Wenn er zum Kunden fährt und die Heizung repariert hat, sieht und erlebt er unmittelbar den Beitrag seiner Arbeit. In mehr büroorientierten Arbeitswelten ist oft das direkte Ergebnis der eigenen Arbeit eher abstrakter Natur. Hier sind Feedback, Information und Daten zu Ergebnissen relevanter.

Daten und Information zu Ergebnissen machen Arbeit bedeutungsvoll
Die allgemeinen Auswirkungen der Arbeit eines Unternehmens sind in der Regel leicht zu erkennen. Zum Beispiel sichere und umweltfreundliche Gebäude, Dienstleistungen, die das Leben leichter machen, Produkte, die Zeit sparen oder Familienmitglieder einander näherbringen. Motivierend wirkt dies aber nur bedingt.

Erstens lässt sich oft kaum oder nur ein indirekter Bezug zur täglichen Arbeit des einzelnen Teams oder Mitarbeitenden herstellen. Um den Zusammenhang herzustellen, müssen Informationen aufgeschlüsselt und Ursache und Wirkung aufgezeigt werden, sodass jeder erkennen kann, wo sein Beitrag zählt und wie.

Zweitens, Menschen sind unterschiedlich. Der eine möchte sich an der Ästhetik der Produkte messen lassen, der andere an der Funktionalität oder Qualität. Qualität kann an Zuverlässigkeit und Garantie gemessen werden. Ästhetik in Kundenzufriedenheit oder Expertenbewertungen. Andere wollen einfach nur wissen, ob das Produkt/die Dienstleistung auf Interesse stößt. Für wieder andere ist wichtig, ob ihre Arbeit einen positiven Effekt für andere hat oder den Kunden erfreut. Die Bandbreite ist groß, es braucht Mitspracherecht, wenn es darum geht, wie die Wirkung der einzelnen Tätigkeiten sichtbar gemacht werden kann.

Transparenz als Katalysator für Ergebnis- und Verbesserungsorientierung

Um Ergebnisorientierung und kontinuierliche Verbesserung anzuregen, braucht es zwei Dinge. Zum einen müssen aktuelle Prioritäten klar und sichtbar sein. Zum anderen braucht es Kennzahlen, anhand derer alle Beteiligten nachvollziehen können, wie ihre Arbeit beiträgt und wo sie im Vergleich zu Leistungsstandards stehen.

Die Möglichkeit, die eigene Leistung zu verfolgen, kann ein wichtiger Motivator sein. Er spricht den jedem Menschen innewohnenden Ehrgeiz an. Henry Stewart, Autor des *Happy Manifesto*, erlebte bei der Transformation seines Unternehmens, dass allein das offene Kommunizieren, das für den Erfolg des Unternehmens wirklich wichtig ist, durch Schlüsselkennzahlen die Leistung der Mitarbeitenden erhöhte. Die Mitarbeitenden konnten sehen, durch was sie den größten Beitrag zum Unternehmenserfolg leisten können, und priorisierten ihre Aktivitäten entsprechend. Eine Metrik, in der sie ihre eigene Leistung verfolgen können, bot eine Plattform, um ihren Beitrag sichtbar zu machen und Anerkennung zu erhalten. Wie

Stewart es im Experteninterview (2019) ausdrückt: »Leute wollen, dass sich die Dinge in die richtige Richtung entwickeln – sobald etwas gemessen wird, wollen die Leute, dass die Zahlen steigen.«

In einem kürzlich erschienenen *Forbes*-Artikel (2019) berichtet Sebastien Blanc, Chief Executive Officer bei Skimlinks, der weltweit größten Plattform zur Monetarisierung von kommerziellen Inhalten, über eine ähnliche Erfahrung. Er transformierte sein Unternehmen zu einer »selbstlernenden Organisation«. Die größte Wirkung erzielte er mit der Einführung unternehmensweiter Kennzahlen. Transparenz darüber, woran jedermann arbeitet und wie erfolgreich er ist, war der Schlüssel für autonome Verbesserungsleistungen.

Transparenz für Kundenzentrierung

Das Thema Kundenorientierung findet viel Zustimmung in Führungskreisen. Ausnahmsweise einmal ein Schlagwort, das nicht neu ist. Man bringt sich gerne ein, hat man sich doch schon immer auf den Kunden konzentriert. In der Tat, jedes erfolgreiche Unternehmen hat es irgendwie geschafft, einen bestimmten Kundenkreis zufriedenzustellen. Das Thema wird schnell abgehakt. Unternehmen konzentrieren sich seit Langem auf das Design und die Herstellung des perfekten Produkts, um den Kunden zu begeistern. Durch qualitativ hochwertige Produkte.

Heute ermöglichen Entwicklungen wie niedrigere Markteintrittsbarrieren einen breiteren Wettbewerb und so eine größere Auswahl für Kunden. Das Produkt allein ist kein hinreichender Erfolgsfaktor mehr.

Das beste Produkt wird scheitern, wenn das Kundenerlebnis vernachlässigt wird. Wenn wir heute über Kundenorientierung sprechen, sprechen wir nicht mehr darüber, das perfekte Produkt zu finden, sondern über das perfekte und einzigartige Erlebnis, das ein Kunde bei Kauf und Nutzung des Produkts hat.

Um diese Erfahrung beeinflussen zu können, braucht es eine neue Tiefe im Verstehen und viel umfassendere Kenntnisse über den Kunden als in früheren Jahren. Fragen wie »In welcher Situation trifft der Kunde auf das Produkt?«, »Was ist das wahre Bedürfnis, das den Kunden dazu bringt, sich dem Produkt zuzuwenden?« oder »Was macht für den Kunden einen Unterschied aus?«, »Was ist für den Kunden wirklich wichtig?« sind aber für viele schwerer zu beantworten als die Frage »Was sind die Anforderungen an das Produkt?«.

Das Kundenerlebnis ist komplex und erfordert eine ganzheitliche Betrachtung. Aspekte wie das Image des Anbieters, Assoziationen mit dem Produkt, gemeinsame Erfahrungen mit anderen Kunden, einfacher Zugang und reibungslose Prozesse können als Faktoren benannt werden, die das Kundenerlebnis bestimmen. Daher muss man die Kunden in einer viel größeren Tiefe und Breite kennen.

Immer mehr Unternehmen erkennen den Vorteil, den sie dadurch gewinnen, dass sie Insiderwissen über Entwicklungen bei Kunden und deren Herausforderungen gewinnen. So kann der Außendienst nicht nur als Experte über die Produkte, die er zu verkaufen versucht, auftreten. Er kann auch als Marktexperte auftreten, der Einblicke in die Themen geben kann, mit denen die Branche des Kunden im Allgemeinen zu tun hat.

Kunden besser dienen heißt Kunden besser kennen

Die Logik des Erfolgs ist ziemlich einfach – den Kunden besser bedienen als die Konkurrenz. Um das tun zu können, muss man den Kunden kennen. Und da innovative Ideen in der Regel von den Rändern der Organisation kommen, müssen die Mitarbeitenden so nah und aufmerksam wie möglich am Kunden sein.

Beispiel: Mitarbeitende als Augen und Ohren am Markt @Zara

Zara, ein spanischer Mode-Einzelhändler, konzentriert sein Geschäftsmodell darauf, Veränderungen in Modetrends frühzeitig zu erkennen, um entsprechend liefern zu können. Die Sensoren für den Modewandel sind die Mitarbeitenden an der Front, die die Kunden in den Filialen bedienen. Sie sind geschult, Kunden die richtigen Fragen zu stellen, um aktuelle Präferenzen herauszufinden. Diese Erkenntnisse werden dokumentiert und analysiert und helfen Zara, vorherzusagen, was sich verkaufen wird. Das Vertrauen in die Mitarbeiter zahlt sich aus: Weniger als ein Prozent der Produkte von Zara scheitern, im Vergleich zu zehn Prozent bei Wettbewerbern (Loucks et al. 2016b).

Um die eigene Organisationskultur agil, innovativ und kundenorientiert zu halten, müssen die Mitarbeitenden den Kontakt zu Kunden halten und auch intensivieren können. Im Idealfall gibt es eine direkte Sicht auf den Kunden und die Möglichkeit der Interaktion. Strukturell kann dies durch eine End-to-End-Verantwortung realisiert werden, die den direkten Zugriff auf Kundenfeedback beinhaltet. Alternativ helfen Maßnahmen wie Storytelling über Kundenfeedback oder Erfahrungen.

ING in den Niederlanden machte erlebten Kundenkontakt zu einem Standard für jeden neuen Mitarbeitenden, unabhängig von der Position. Im Rahmen des Onboarding-Programms verbringt jeder Neuzugang eine Woche im Callcenter der Bank und nimmt Kundenanrufe entgegen.

Ein anderer Ansatz für umgesetzte Kundennähe kann die Zusammensetzung der Belegschaft sein. Dieser Weg ist bei Sportartikelherstellern, Zulieferern des Handwerks und auch bei Spotify zu beobachten.

Beispiel: Stelle den Kunden ein! @Spotify und @diverse Sportartikelhersteller

Spotify stellt vorzugsweise Personen ein, die selbst Musik lieben. So wird die Zielgruppe in die Mitarbeiterschaft integriert. Die Idee ist einfach: Sie wissen, was Kunden oder potenzielle Kunden wollen, weil sie Teil der Zielgruppe sind.

Einige Hersteller von Sportausrüstung verfolgen die gleiche Strategie und stellen bevorzugt Personen ein, die selbst sportlich aktiv sind.

Lieferanten von Handwerksbetrieben gehen oft ähnlich vor. So besetzt ein deutscher Anbieter für Dachdeckerbedarf Positionen im eigenen Außendienst mit ausgebildeten Dachdeckern.

Bei der Suche nach einem Unternehmen, das Kundenzentrierung wirklich beherrscht, stößt man eher früher als später zwangsläufig auf Amazon. Amazon beschreibt sich selbst nicht als agil, zeigt aber alle Attribute organisatorischer Agilität. John Rossmann, ehemaliger Geschäftsführer von Amazon, beschreibt in seinem kürzlich erschienenen Buch (2019), wie Amazon Kundendaten für diesen Zweck nutzt.

Beispiel: Konsequente Kundenzentrierung @Amazon

Im Zentrum des Amazon-Mindsets steht Kundenbesessenheit. Von Kundenbesessenheit als oberstem Führungsprinzip über die Anforderung, dass jeder Mitarbeitende besessen davon sein muss, Kundenbedürfnisse kennenzulernen, bis hin zur Methode des »leeren Stuhls« (siehe Hacks am Ende des Kapitels) – bei jedem Handeln von Amazon geht es darum, Wert für den Kunden zu schaffen.

Transparenz ist dabei Schlüsselfaktor bei Amazon. Die direkte Sicht auf den Kunden ist so operationalisiert, dass Mitarbeitende jederzeit sehen und analysieren können, wie Kunden reagieren – über kundenorientierte Kennzahlen und Echtzeitinformationen zur Kundenzufriedenheit.

Tatsächlich nimmt Amazon keine neue Aktivität auf, bevor nicht eine Möglichkeit gefunden oder entwickelt wurde, den Einfluss des Vorhabens auf das Kundenerlebnis zu messen. Nach Rossmann (2019) birgt das Neudenken von

Metriken und das Umstellen auf Echtzeitdaten heute die größte Chance für Unternehmen. Richtig implementiert, werden die Daten die Arbeit steuern.

Transparenz ist Mittel zur Kundenzentrierung. Kundenverhalten, Kundenreaktionen und Kundenzufriedenheit werden in Metriken operationalisiert. Kennzahlen, die sich daraus ableiten, liefern harte Daten. Rossmann stellt als häufiges Problem heraus, dass Finanzdaten vielerorts die einzigen verfügbaren quantitativen Daten sind. Das lässt kundenorientierte Führungskräfte leicht kapitulieren, wenn sie versuchen, die Kundenbedürfnisse in den Vordergrund zu stellen. Kundenorientierung ohne verfügbare Kennzahlen und genügend harte Daten hat es schwer, wenn datengestützt argumentiert werden soll.

5.6 Praktische Hacks zu mehr Transparenz mit Ergebnissen und deren Effekt

Transparenz mit Ergebnis und Wirkung für jede(n) Einzelne(n)

Checkliste

☐ Finde heraus, woran genau deine Leistung gemessen wird und wie diese Beiträge in die Strategie einzuordnen sind;

☐ prüfe jede Aufgabe und jeden Beitrag auf deren Relevanz und passe regelmäßig Prioritäten an;

☐ konzentriere dich auf das Minimieren von Aufgaben, die keinen Mehrwert liefern (Waste) und auf das Maximieren von wertschaffenden Aufgaben;

☐ reflektiere, inwieweit deine persönlichen Prioritäten und Präferenzen mit denen der Firma übereinstimmen; deine Arbeitskraft ist dort am besten investiert, wo deine persönlichen Präferenzen mit denen der Firma übereinstimmen;

☐ verlasse dich nicht auf Hörensagen – suche nach Wegen, selbst zu sehen, in welchem Kontext und unter welchen Umständen deine Arbeit Wirkung zeigt;

☐ finde Möglichkeiten, qualitatives Feedback und Information in Daten zu übersetzen, die dir helfen, Fortschritt zu messen und beispielsweise Trends zu kalkulieren.

Transparenz mit Ergebnis und Wirkung für jede(n) Einzelne(n)

Hacks

❑ Verschiebe den Fokus von Überlegungen zu dem, was du arbeitest, hin zu dem, was du mit deiner Arbeit erreichen möchtest; leite aus dieser Überlegung eine Einteilung in wertbeitragende und nicht-wertschöpfende Arbeit; priorisiere entsprechend;

❑ baue, wo immer möglich, Rückmeldungsschleifen ein und lasse dich von diesen leiten;

❑ positioniere dich als daten- und informationsbasierten Inputgeber, wenn neue Prioritäten für das Team oder die Abteilung gesteckt werden.

Transparenz mit Ergebnis und Wirkung für das Team/die Einheit/die Organisation

Checkliste

❑ Weiß jede(r) exakt, woran er/sie gemessen wird?

❑ Kann jede(r) jederzeit nachvollziehen, wo er/sie steht? Nutze Technologie/ digitale Möglichkeiten, um das Verfolgen und Messen zu ermöglichen.

❑ Versteht jede(r), welchen Effekt seine/ihre Arbeit hat?

❑ Hat jede(r) Zugriff auf Feedback von (internen oder externen) Kunden und Schnittstellen?

❑ Verfügt jede(r) in der Firma über Erfahrung mit direktem oder zumindest indirektem Kundenkontakt?
Beispiele direkt: arbeitete in einer oder besuchte eine Funktion mit direktem Kundenkontakt, arbeitete mit dem oder besuchte den Kunden, absolvierte Ein-Tages-Praktikum im Callcenter.
Beispiele indirekt: hörte Kundenzeugnisse, hat formales Kundenfeedback durchgesehen, lernte etwas über die Arbeit des Kunden.

Hacks

❑ Amazons leerer Stuhl: Stelle einen freien Stuhl in Meetings dazu und bitte jede(n) sich vorzustellen, dass sein/ihr Kunde dort mit am Tisch sitzt (und eine Stimme hat). Um Kundenzentrierung zu fördern, ist Amazons CEO Bezos für symbolische Handlungen bekannt. Der leere Stuhl ist eine davon.

Agile Methoden/Tools

Zur Unterstützung der Kundenzentrierung:

❑ Personas,

❑ Design Thinking,

❑ User Storys,

❑ die Arbeit in Sprints mit Demos und inkrementellen Lieferungen, um Rückmeldeschleifen mit den Kunden zu ermöglichen.

6.
Empowerment

Empowerment zum Führen bedeutet, Selbstführung zu ermöglichen, das Treffen von Entscheidungen und das Initiieren und Durchführen von Veränderungen. Es geht darum, zu befähigen, Dinge in die Hand zu nehmen, indem Verantwortung verteilt wird.

Vertrauen spielt dabei eine wichtige Rolle. Während es bei Transparenz darum geht, Vertrauen in die Organisation aufzubauen, geht es bei Empowerment darum, der Mitarbeiterschaft Vertrauen entgegenzubringen.

»Die meisten Organisationen sind im Kern noch immer feudal, mit einer Trennung zwischen Denkern und Machern [...].«

Hamel 2014a (übersetzt)

Eine Voraussetzung für gelingendes Empowerment ist das Element Transparenz. Um es nochmals mit Jan Carlzon, ehemaliger CEO der SAS Airlines in den 1980er- und 1990er-Jahren, zu sagen: Wer nicht informiert ist, kann keine Verantwortung übernehmen, wer informiert ist, kann Verantwortung nicht meiden: »Without information you cannot take responsibility. With information you cannot avoid responsibility.«

Mitarbeiter zu befähigen, zu empowern bedeutet, diese im Zitat von Hamel beschriebene Unterscheidung zwischen Machern und Denkern aufzulösen: Lassen Sie die Macher nach eigenem Ermessen handeln. Empowerment meint, Kompetenz und Autorität zum Handeln auch wirklich an die jeweiligen Akteure zu geben. Nur so kann das Wissen, das durch Transparenz bereitgestellt wird, auch Verwendung finden.

Warum dies Kernaufgabe für Führungskräfte ist, erklärt der ehemalige CEO von HCL Technologies, Nayar, über drei Fragen (Moore 2012):

Was ist das Geschäft eines Unternehmens?
Mehrwert für den Kunden zu schaffen.

Wo wird der Wert geschaffen?
An der Schnittstelle zwischen Mitarbeitenden und Kunden.

Was also sollte die Aufgabe des Managements sein?
Mitarbeitende zu befähigen, Mehrwert zu schaffen.

Das Element Empowerment hat drei Facetten:
1. Freiheit (Freiheit zum Adaptieren und Kreieren,
2. Befähigung (Empowerment zum Führen),
3. Ownership (Ownership mit Tendenz zum Handeln).

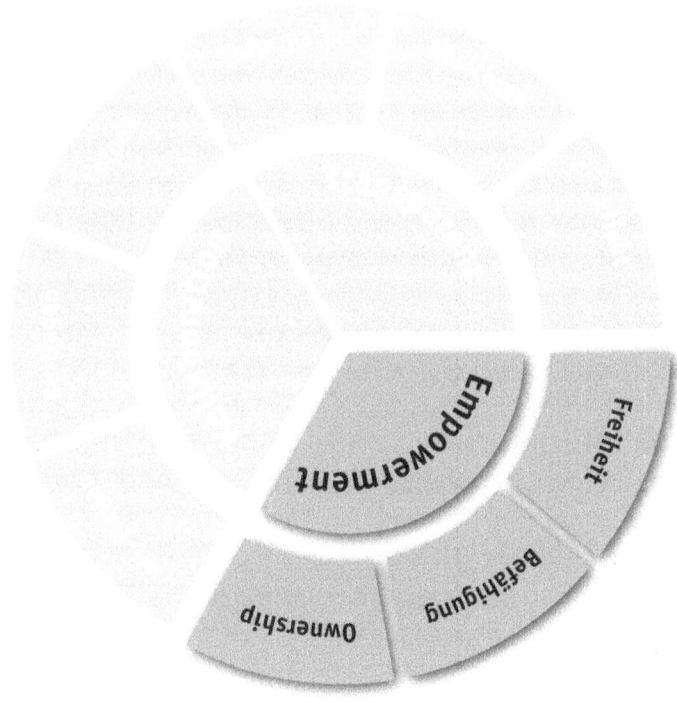

Empowerment gibt den Menschen zunächst die Freiheit, ihr Bestes geben zu können, am Arbeitsplatz mitzubestimmen, Spaß zu haben und ihre Talente einzubringen sowie sich an sich verändernden Marktbedingungen auszurichten. Über Empowerment werden sie dann nicht nur zu Selbstmanagement befähigt, sondern auch dazu, sich selbst zu steuern, um als Individuum oder Team in ihrem Verantwortungsbereich und darüber hinaus Einfluss zu nehmen. Freiheit erlaubt, Dinge richtig zu tun. Empowerment erlaubt, das Richtige zu tun. Ownership steht an der Spitze der Pyramide, über Freiheit und Empowerment. Hier werden selbstständig Initiativen ergriffen und es wird selbstständig nach Erfolg gestrebt sowie dafür Verantwortung übernommen.

Die positiven Auswirkungen von Empowerment auf ein Arbeitsumfeld können nicht hoch genug eingeschätzt werden. Mitarbeitende und Unternehmen profitieren auf vielfältige Weise. Allein größere Selbstbestimmung in der eigenen Arbeit dient als wichtiger Motivator. Eine Umfrage von Citigroup und LinkedIn im Jahr 2014 ergab zum Beispiel, dass fast fünfzig Prozent der Befragten eine höhere Kontrolle über ihre Arbeit einer Lohnerhöhung um zwanzig Prozent vorziehen würden.

Ein Gefühl von Empowerment ist subjektiv

Das Gefühl von Empowerment ist am Ende subjektiv. Ob sich jemand mehr oder weniger ermächtigt fühlt, hängt von verschiedenen Aspekten wie Vertrauen, Leistungsfähigkeit, wahrgenommener Autorität, sozialer Erwünschtheit oder gar Selbstvertrauen beziehungsweise Selbstwirksamkeitserwartung ab.

Wenn es um das Empowern geht, ist daher der Dialog mit dem Einzelnen wichtig. Was braucht die Person, um sich wirklich befähigt zu fühlen und empowered zu handeln? Was hält sie zurück?

Wie am Anfang des Buches dargelegt, ist Empowerment eine effektive adaptive Reaktion auf die Anforderungen der modernen Arbeitswelt, die zunehmende Komplexität, den Bedarf an Manövrierfähigkeit und Geschwindigkeit.

Die Entkalkung des Unternehmens durch Bürokratieabbau, Dezentralisierung und die Befähigung, auf der Grundlage von Stärken Mehrwert zu schaffen, kann Empowerment bewirken.

Der Nutzen von Empowerment für die Organisation

Direkter Nutzen:
- stärkeres Nutzbarmachen der Fähigkeiten, Erfahrungen und Potenziale der Mitarbeiter,
- höhere Anpassungsfähigkeit,
- höhere Geschwindigkeit in der Reaktion und dem Schaffen von Wertbeiträgen,
- Fokus auf wertschöpfende Arbeit.

Indirekter Nutzen:
- Steigerung von Zufriedenheit und Motivation,
- mehr Innovation, da – wenn erlaubt – Menschen unterschiedliche Ansätze verfolgen, die zu anderen Ergebnissen führen können,
- Nutzung der vielfältigen Talente und des vollen Potenzials der Mitarbeitenden,
- Gewinnung und Bindung der besten Talente,
- ein Gefühl der Wertschätzung,
- Gesundheitlicher Nutzen durch das Gefühl von Kontrolle,
- Förderung sinnvoller Beziehungen am Arbeitsplatz (Freiheit ermöglicht, bei der Arbeit man selbst zu sein, was den Aufbau bedeutungsvoller Beziehungen erleichtert).

6.1 Freiheit (Freiheit zum Adaptieren und Kreieren)

Freiheit in Form von Handlungsspielraum bei der Arbeit ermöglicht Selbstorganisation. Wo Mitarbeitende ihre Tätigkeiten selbstbestimmt ausüben können, können sie als Meister ihrer Arbeit agieren. Je mehr Freiheit gegeben ist, desto mehr Möglichkeiten gibt es, die eigenen Stärken einzubringen, das eigene Potenzial zu verwirklichen und Eigenmotivation zu nutzen. Handlungsfreiheit ermöglicht, sich kreativ und gestalterisch am Arbeitsplatz einzubringen, zu experimentieren und Spaß bei der Arbeit zu haben. Freiheit gibt erst den notwendigen Raum, auf individuelle Kundenbedürfnisse und Veränderungen allgemein zu reagieren.

Erlebte Freiheit am Arbeitsplatz ist mit Selbstbestimmung verbunden. Hierunter fällt das Bestimmen, wo und wann und wie viele Stunden man arbeitet. Aber auch: Wählen zwischen Tools und Arbeitsmitteln, zwischen Firmenwagen- und Bahnticket-Abonnement, zwischen zusätzlichen Urlaubstagen oder Gehaltserhöhung.

Die Auswahl zwischen Aufgaben und Projekten und die Entscheidung, mit wem man arbeiten möchte, sind das nächste Level. Danach einzuordnen sind Entscheidungen darüber, woran man arbeitet. Es geht hier nicht darum, zwischen verschiedenen Aufgaben zu wählen, es geht darum, selbst Ideen für einen Beitrag zu entwickeln.

Freiheit ermöglicht Spiel

Freiheit ist zentral, um Anpassungsfähigkeit, Kreativität und Unternehmertum zu ermöglichen. Freiheit wird oft als Wertschätzung wahrgenommen und fördert so auch die Motivation und Zufriedenheit der Mitarbeitenden. Aber Freiheit hat einen weiteren Nutzen: Sie ermöglicht das Spielen.

Freiheit ist ein zentraler Bestandteil von Fortschritt und Innovation und Mitarbeitermotivation, da sie es den Mitarbeitenden ermöglicht, bei der Arbeit zu spielen.

Erwachsene sind nicht anders als Kinder – sie können Stunde um Stunde mit etwas verbringen, das Spaß macht. Man vergisst die Zeit und ist voller Energie. Psychologen sprechen von einer Flow-Erfahrung, einem perfekten Produktivitätszustand. Menschen die Freiheit zu geben, zu wählen, an was sie arbeiten wollen oder was sie ausprobieren wollen, ist ein sicherer Weg, ihre Motivation zu erhöhen. Natürlich müssen auch Zeit und Ressourcen bereitstehen.

Bei Toyota haben Mitarbeitende eine eigene Montagelinie, an der sie mit neuen Ideen experimentieren und Dinge ausprobieren können. Bei Southwest Airlines werden die Flugbegleiter ermutigt, Interaktion mit den Kunden spielerisch zu gestalten. Ein Beispiel sind lustige Sicherheitsankündigungen. Andere Unternehmen lassen die Mitarbeiter an Problemen arbeiten, die sie interessant finden, in einer engagierten Brain Teaser Solution Time. Innerhalb der agilen Methodik haben wir die Sandbox – eine gleiche technische Umgebung, die isoliert von dem Hauptsystem ist. Entwickler können hier experimentieren, entwickeln und testen.

Freiheit und agile Prinzipien

Es gibt ein häufiges Missverständnis in Bezug auf Empowerment und agile Arbeitsmethoden. Arbeiten in agilen Strukturen bedeutet nicht zwangsläufig, dass Teams empowered sind. Empowerment von Teams im agilen Rahmen beschränkt sich oft auf einen Aspekt der Freiheit. Das Team verwaltet/managt sich selbst, aber führt/steuert sich nicht selbst. Entscheidungen darüber, was bearbeitet wird, werden vom Product Owner getroffen. Das Team priorisiert die Aufgaben in Zusammenarbeit mit dem Product Owner, entscheidet, welche Leistungen sie im nächsten Sprint erbringen können und organisiert die Arbeit. Dabei entscheidet das Team, wie es das Ziel erreichen will.

Das *Agile Manifest* verankert Freiheit über das Wie der Arbeit: »Baue Projekte um motivierte Menschen. Gib ihnen die Umgebung und Unterstützung, die sie brauchen, und vertraue, dass sie die Arbeit erledigen.« Verankert ist auch das Erfordernis der Selbstorganisation in Teams: »Die besten Architekturen, Anforderungen und Designs entstehen aus selbstorganisierenden Teams.«

Organisationale Agilität zeichnet sich dagegen durch ein höheres Maß an Freiheit der Beschäftigten aus. Hierzu gehört, dass die Mitarbeitenden selbst Prioritäten setzen und nicht nur entscheiden, wie, sondern auch – zumindest mitentscheiden – an was sie arbeiten möchten. Diese Eigenschaft agiler Organisationen markiert die Brücke von der Anwendung agiler Methoden hin zum Streben nach einer agilen Organisation.

Nichts ohne Gegenforderung – Freiheit ist keine Einbahnstraße

Ein Blick in agile Unternehmen bestätigt den positiven Effekt von Freiheit. Aber nicht ohne Quidproquo.

»Es geht nicht darum, Mitarbeitende zu schonen oder weniger von ihnen zu erwarten. Hoch-vertrauende Unternehmen halten Menschen verantwortlich, ohne zu mikromanagen. Sie behandeln Menschen wie verantwortungsbewusste Erwachsene.«

> Paul J. Zak, gründender Direktor des Centers für Neuroökonomische Studien, Professor an der Claremont Graduate University (übersetzt)

Oder um es mit den Worten von Bowman, VP Engineering (2018) bei Zalando, zu sagen: »Autonomie ohne Verantwortlichkeit nennt sich Urlaub.«

Freiheit ist in der Regel keine Einbahnstraße, sie ist an die Übernahme von Verantwortung gebunden. Erfolgreich praktizierte Freiheit am Arbeitsplatz erfordert, dass Mitarbeitende richtig entscheiden. Fundiertes Urteilsvermögen und integre Motive sind Voraussetzung. Freiheitsgrade sind an Compliance- und Leistungserwartungen gebunden.

Netflix ist ein Beispiel für eine Unternehmenskultur, die sicherlich die Kultur-Komfortzone eines Feel-good-do-good-Ansatzes verlassen hat. Im Netflix-Kulturdeck beschreibt das Unternehmen eine Kultur der Freiheit und Verantwortung. Während Freiheit danach klingt, kreativ werden zu können und Aufgaben auszuwählen, besteht bei Netflix Druck, und zwar nicht wenig, wie die ehemalige Chief Talent Officer von Netflix, Patty McCord (zitiert nach Stenovec 2015), beschreibt. Um es mit Netflix' Worten zu sagen: »Nachhaltige Leistung auf B-Niveau, trotz Anstrengung auf A-Niveau, generiert ein großzügiges Abfindungspaket.«

Beispiel: Eine Kultur der Freiheit und Verantwortung @Netflix
Freiheit bei Netflix manifestiert sich in Standardformalitäten wie unbegrenztem Urlaub oder keiner Mindestarbeitszeit. Ausgaben müssen nicht genehmigt, Vertragsunterzeichnungen nicht kontrolliert werden. Es gibt keine Compliance-Abteilung. Die einzige Richtlinie bezüglich Ausgaben für Reisen, Bewirtung oder zum Beispiel Geschenke ist, im besten Interesse des Unternehmens zu handeln. Eine Kleiderordnung gibt es übrigens auch nicht.
Netflix' Culture Deck, das das Engagement des Unternehmens für Freiheit und Verantwortung beschreibt, wird von Sheryl Sandberg, COO von Facebook 2013, als das vielleicht wichtigste Dokument aus dem Silicon Valley beschrieben (Stenovec 2017). Viele Unternehmen nahmen sich ein Beispiel. Die unbefristete Urlaubsregelung wurde beispielsweise von der Virgin Group übernommen.

Freiheit und Vertrauen gehen nicht immer einher

So gestaltete Freiheit ist das, was man als konsequent gelebte Ergebnisorientierung bezeichnen kann. Vertrauen braucht es nicht mal – sollten Mitarbeitende nicht liefern, werden sie entlassen. Kein Risiko. Ein gewisses Risiko geht Netflix nur mit seiner Ausgabenpolitik ein, die keine Genehmigung erfordert. Dabei verlässt sich Netflix auf die Integrität und Urteilsfähigkeit der Mitarbeitenden. Hinter Netflix' Ansatz der Freiheit am Arbeitsplatz steht die Behauptung, dass sie nur »voll entwickelte Erwachsene« beschäftigen, wie Netflix oft zitiert wird. Missbrauch der Freiheit kommt bei Netflix zwar vor – Mangel an Integrität und Compliance führt allerdings auch zu Fehlverhalten in Unternehmen mit sehr geringen Freiheitsgraden.

Freiheit als Voraussetzung, um sich anpassen zu können und Kunden optimal zu dienen

Täglich sind Mitarbeitende an der Front des Unternehmens mit sich ändernden Rahmenbedingungen konfrontiert. Ein Blick in lokale Filialen zeigt vielleicht: neue Konkurrenz in der Nachbarschaft, ein Online-Shopping-Portal, das gerade freie Lieferung anbietet, ein neues Produkt stößt auf unerwartet hohe Nachfrage, soziale oder politische Entwicklungen ändern Kundenpräferenzen, das Wetter ändert sich, es gibt neue Gesetze oder jemand entdeckt eine interessante neue Idee oder Technologie. In der Interaktion mit den Kunden gewinnen Mitarbeitende neue Einsichten, kommen auf neue Ideen, finden maßgeschneiderte Lösungen. Die wichtigste Quelle für Fortschritt, Innovation und exzellenten Kundenservice sind die Mitarbeitenden, die auf den Markt oder auf den Kunden treffen.

»Wo kein Raum für Freiheit ist, ist kein Anpassen möglich.«

Henry Stewart (2019), Experteninterview (übersetzt)

Agile Unternehmen zeichnen sich durch die Fähigkeit aus, Veränderungen zu erkennen und sich schnell und proaktiv darauf einzustellen. Das Erkennen findet oft an den Rändern des Unternehmens statt, an den Kontaktpunkten nach außen. Hier ist es auch, wo die Reaktion auf die Veränderung stattfinden muss. Je schneller und unmittelbarer, desto besser. Hierzu braucht es Handlungsfreiheit.

Der immer wichtiger werdende Bereich des Kundenservice liefert gute Illustrationen. Ritz-Carlton zeigt, wie ein gewisser Grad an Freiheit Voraussetzung ist, um die erwartete Leistung zu erbringen. Das Ritz-Carlton ist bekannt für seinen exzellenten und ausgezeichneten Service und seine Kundenorientierung. Während guter Kundenservice standardisiert werden kann, erfordert ausgezeichneter Kundenservice Ansätze, die individuelle Kundenbedürfnisse und -präferenzen sowie die individuelle Situation des Kunden berücksichtigen. Personal wird geschult, so nah am Kunden zu sein, um zu verstehen, wie es einen Mehrwert schaffen und einen Unterschied für den Kunden machen kann. Um hierauf dann auch einzugehen, brauchen die Mitarbeitenden die Freiheit.

Beispiel: Freiheit, um dem Kunden zu dienen @Ritz-Carlton
Die Ritz-Carlton Hotel Company hat die Richtlinie, dass jede(r) Mitarbeitende bis zu zweitausend Dollar ausgeben darf, um einen Kunden glücklich zu machen. Gallo (2019) beschreibt für Forbes einige der Beispiele, die diese Richtlinie hervorgebracht hat. Als ein Gast seinen Laptop in seinem Zimmer auf dem Weg von Atlanta nach Hawaii vergessen hatte, entschied sich eine Dame vom Zimmerservice, nach Hawaii zu fliegen, um ihm den Laptop zu geben, auf dem eine wichtige Präsentation gespeichert war, die der Kunde benötigte. Direkt mit dem nächsten Flug kam sie zurück.

Horst Schulze (2019), Mitbegründer von Ritz-Carlton, beschreibt, wie eine solche Regelung dann auch zu exzellenten Kundenservice-Maßnahmen führt. Er definiert zwei Bedingungen. Erstens: Entsprechendes Verhalten muss belohnt werden. Zweitens: Beispiele für großartigen Service müssen sichtbar, Ideen ausgetauscht werden. Beides wird durch tägliches Storytelling adressiert, bei dem Beispiele ausgetauscht werden. Die besten Beispiele gewannen so sehr hohe Sichtbarkeit (wurden auch außerhalb des Unternehmens viral) und inspirierten andere, immer weiter nach neuen Möglichkeiten zu suchen, Kunden zu begeistern.

Diese Form des Storytellings schafft emotionale Verbindungen zwischen Mitarbeitenden und Kunden (Gallo 2019). Zu wissen, dass man tatsächlich auf das reagieren kann, was man über einen Kunden lernt, fördert die Antennen für Kundenbedürfnisse und die Motivation, die gegebenen Freiheiten zu nutzen. Betrachten wir ein anderes Beispiel – im Bereich der Pflege: Buurtzorg.

Exkurs: Die hierarchielose Firma Buurtzorg

Buurtzorg ist eine ambulante Pflegeorganisation in den Niederlanden mit über zehntausend Mitarbeitenden. Der Gründer und Direktor von Buurtzorg, Jos de Blok, startete sein Unternehmen 2007 mit vier Krankenschwestern und einem Motto: Menschlichkeit vor Bürokratie. Die Mission ist: »Gebt den Pflegekräften ihre Berufung zurück und schafft Rahmenbedingungen dafür, dass sie die Menschen so betreuen können, wie sie es lieben. [...]«

Das Unternehmen besteht aus dem Direktor und der Co-Direktorin (Ehefrau des Direktors), rund tausend autonomen Teams und fünfundvierzig Personen in Backoffice/Zentrale, es gibt keine Manager. Es gibt ein Rahmenwerk mit Zielen, um die Teams zu steuern. Bei Bedarf erhalten Teams Unterstützung von einem Teamcoach oder dem Backoffice. Der Coach hilft bei Konflikten, gibt den Überblick über unternehmensweite Projekte, hat aber keine Entscheidungsbefugnis. Diese liegt vollständig beim Team. Im Mittelpunkt steht der einfache, aber kraftvolle Gedanke, den Menschen die Kontrolle über ihre Arbeit zu geben (Stewart 2012).

Heute expandiert Buurtzorg innerhalb des öffentlichen Sektors, zum Beispiel in den Bereichen Hospiz-, Jugend- und Psychiatriepflege, revolutioniert aber auch das Pflegesystem international mit Projekten in Europa, Japan, China, Australien und den USA, um nur einige zu nennen.

Statt Chefs lieber Autonomie bei der Arbeitsgestaltung

Die Krankenschwester Alieke Van Dijken teilte in einer Konferenzrede (Lickman 2016) ihre Erfahrungen mit dem aktuellen Gesundheitssystem bei verschiedenen Arbeitgebern vor Buurtzorg. Bürokratie und Produktivitätsdruck (so viele abrechenbare Handlungen wie möglich pro Tag zu leisten) erlaubten es ihr nicht, gute Pflege zu leisten. Bei Buurtzorg hat das Team die Freiheit, für jeden Kunden zu entscheiden, was der beste Betreuungsansatz ist, wann die Pflege beendet wird und welche Leistungen (abrechenbar oder nicht) die Situation des Kunden verbessern.

Klassische Managementaufgaben werden vom Team übernommen. Es gibt auch keine speziellen Supportfunktionen. Routenplanung und Terminkoordination erfolgt durch die Pflegekräfte selbst, sodass die Interessen der Kunden und die Präferenzen der Pflegekräfte flexibel berücksichtigt werden können.

Die Pflegekräfte arbeiten ganzheitlicher mit den Klienten zusammen. Dazu gehört zum Beispiel das Überprüfen des Kühlschranks, aber auch das Gespräch mit Familienmitgliedern oder Nachbarn, um die sozialen Beziehungen zu verbessern und die Betreuung durch das soziale Netz zu aktivieren. Die Koordination mit formalen Netzwerken wie lokalen Krankenhäusern ist ebenfalls Teil davon. Ziel ist es, die Situation des Kunden zu verbessern und eine maximale Unabhängigkeit von den Pflegekräften zu erreichen.

In diesem Beispiel geht es darum, Kunden glücklich zu machen, indem ein flexiblerer und kundenorientierterer Service angeboten wird, der von denen gestaltet wird, die die Kunden kennen und wissen, worauf es bei der Arbeit ankommt. Ein erwünschter Nebeneffekt sind die mit nur acht Prozent sehr niedrigen Gemeinkosten.

Neben Kundenorientierung ist Technologie ein Argument für Freiheit am Arbeitsplatz. Die Technologie ermöglicht immer mehr Verbraucheranalytik und eröffnet gleichzeitig profitable Wege außerhalb der Standardisierung, was personalisierte Dienstleistungen und Produkte quasi erzwingt. Eine Entwicklung, die HCL Technologies Ltd. begrüßt. HCL ist Indiens führendes globales IT-Service-Unternehmen, eines der am schnellsten wachsenden und profitabelsten IT-Service-Unternehmen weltweit. Der Führungsstil des ehemaligen CEO Vineet Nayar wurde von *Fortune* als das modernste Management der Welt bezeichnet.

Nayar (2014) sieht in der Vernachlässigung von Freiheit bei der Arbeit eine große Führungsfalle. Für ihn sind Führungskräfte, die die Notwendigkeit von Freiheit für Mitarbeitende nicht sehen, ein zentrales Hemmnis für die agile Transformation: »Kundenerlebnis ist oberstes Gebot, daher müssen Führungskräfte Mitarbeitende inspirieren, einzigartige Erfahrungen zu schaffen und zu liefern, indem sie ihre Erkenntnisse nutzen.«

Die Befähigung der Mitarbeitenden, auf ihre Einsichten und Ideen zur Verbesserung des Kundenservice zu reagieren, beschränkt sich nicht nur auf die klassischen dienstleistungsbezogenen Branchen, sie ist eine umfassende Folge der Digitalisierung.

Die vielen größeren und kleineren Freiheitsoptionen

Es gibt zahlreiche kleinere und größere Möglichkeiten, Freiheit am Arbeitsplatz zu erhöhen. Welche Optionen aber die entscheidenden positiven Auswirkungen auf die Geschäftsleistung und/oder die Zufriedenheit der Mitarbeitenden haben, ist abhängig von organisatorischen Gegebenheiten und individuellen Präferenzen.

Auch Freiheit liegt im Auge des Betrachters

Wenn wir gefragt werden, wie wir Freiheit bei der Arbeit maximieren können, fallen uns in der Regel verschiedene Maßnahmen ein. Unterschiedliche Personen kommen hier allerdings oft auf unterschiedliche Ideen. Während eine Person bestimmen möchte, wann und wo sie arbeitet, möchte eine andere vielleicht einen bestimmten Zeitplan einhalten, aber ein Mitspracherecht bei der Auswahl ihrer Aufgaben oder auch bei der Wahl neuer Kollegen oder Kolleginnen haben. Selbstorganisation steht vielleicht für eine andere Person im Vordergrund oder auch nur ein entspannterer Dresscode im Sommer.

Manchmal müssen Führungskräfte und Teams kreativ sein, um Wege zu finden, Freiheit oder Flexibilität zu erhöhen. Oft geht es um kleine Alltagsentscheidungen, bei denen mehr Autonomie für Mitarbeitende einen großen Unterschied machen könnte. Betrachten wir ein paar Beispiele.

Freiheit rund um Arbeitsplatz, Arbeitszeiten, Urlaub und andere Wahlmöglichkeiten

Ein Beispiel ist Remote-Arbeit, bei der Mitarbeitende entscheiden, von wo sie arbeiten. Dies kann das Heimbüro oder ein beliebiger Standort sein, zum Beispiel auf Reisen.

Beispiel: Freiheit bei der Wahl des Arbeitsortes @Continental
Die Continental AG ist ein Automobilhersteller und der viertgrößte Reifenhersteller der Welt mit einhundertfünfzigtausend Mitarbeitern in sechsunddreißig Ländern. Das Unternehmen mit Sitz in Deutschland wurde 1871 gegründet. Um innovativ zu bleiben, bekennt sich Continental zur sogenannten Freedom to Act. In einem Interview erklärt Dr. Ariane Reinhart, CHRO, was Freiheit zum Handeln bei Continental bedeutet (Hornung 2019). Handlungsfreiheit ist einer von vier Werten, die das Unternehmen neben Vertrauen, Leidenschaft zum Gewinnen und Füreinander hat.
Continental hat weltweit die Möglichkeit eingeführt, mobil oder vom Homeoffice aus zu arbeiten, Teilzeit zu arbeiten oder ein Sabbatical zu nehmen. Ausdrücklich sind Fabrikmitarbeitende einbezogen. Inwieweit Mitarbeitende diese Freiheit nutzen können, hängt jedoch immer auch von der aktuellen Aufgabe ab.

Während viele Mitarbeitende die Möglichkeit der Remote-Arbeit schätzen, hat diese Option für andere mitunter negative Auswirkungen. Remote-Arbeit kann die Produktivität einer Person erhöhen. Allerdings müssen die Auswirkungen auf Teamgeist und auch Teamleistung beobachtet werden. Auch gibt es Beschwerden von Mitarbeitenden, die im Büro zwischen leeren Schreibtischen sitzen. Mangelnde Interaktion, osmotische Kommunikation und simultanes Arbeiten können negative Auswirkungen haben. Gleiches gilt für flexible Arbeitszeiten oder auch Teilzeitlösungen. Wahlmöglichkeit für Einzelpersonen, Herausforderung für das Team.

Die Freiheit, die Faust zu schwingen, endet genau dort, wo die Nase des anderen beginnt.

Wie bei vielen Freiheitsthemen muss die individuelle Freiheit mit dem Interesse des Teams in Einklang gebracht werden.

Dies ist einer der Punkte, an denen die Realität die New-Work-Träume ziemlich schnell eingeholt hat. Ein Weg ist beispielsweise, die Teams selbst über solche Regelungen entscheiden zu lassen. Größere Beratungsunternehmen ziehen es manchmal vor, einen Tag pro Woche, meist den Freitag, als Remote-Arbeitsmöglichkeit zu wählen. Andersherum kann auch ein Tag pro Woche als Anwesenheitstag bestimmt werden.

Selbst wenn die Umstände keine Fernarbeit und flexiblen Arbeitszeiten zulassen, ist Selbstorganisation häufig ein Schritt in Richtung mehr Freiheit. Ein Beispiel wäre, Teams ihre Schichten und Urlaube selbst planen zu lassen und ihnen zu ermöglichen, zu tauschen und füreinander einzuspringen. Bei dringenden privaten Angelegenheiten kann das Team so beispielsweise Flexibilität ermöglichen.

Ein weiteres Beispiel ist die Urlaubsregelung. *Sage Business Researcher* liefert einige Einblicke in die Praxis in den USA (O'Malley 2017). Die unbefristete Urlaubspolitik, die wir bei Unternehmen wie Netflix (bis zu zwölf Monate), der Virgin Group, LinkedIn oder kleineren Unternehmen wie Gusto, einem Lohn- und Gehaltszahlungsunternehmen, sehen, wird von immer mehr namhaften Unternehmen übernommen. Wobei einige Unternehmen diesen Schritt wieder rückgängig machten. Denn: Wo Freiheiten als Resultat fehlender Regelungen entstehen, treten an deren Stelle oft soziale Normen und Gruppendruck.

Unbegrenzter Urlaub ist ein Beispiel. Die Praxis zeigt: Kaum jemand nutzt das Angebot. Häufig zeigt sich keine Veränderung in der Anzahl der tatsächlichen Urlaubstage oder sogar ein Rückgang. Umfragen zeigen, dass mitunter Mitarbeitende in einer Wettbewerbssituation sind, wer die wenigsten Tage freinimmt. Einige Unternehmen ergreifen bereits Gegenmaßnahmen, zum Beispiel HubSpot, ein Marketing-Softwareunternehmen, mit einer Zwei-Wochen-bis-unendlich-Politik, die eine Mindestanzahl an Urlaubstagen vorgibt. Die Regelung des unbegrenzten Urlaubsanspruchs erfreut sich trotz allem zunehmender Beliebtheit. Selbst wenn Mitarbeitende sich für mehr Arbeitstage entscheiden, wird dies die Zufriedenheit vermutlich nicht mindern, da sie die Entscheidung selbst treffen konnten. Die Regelung ist Teil eines attraktiven, modernen Arbeitgeber-Images. Außerdem, und dies ist entscheidend, gibt die Regelung den Mitarbeitenden die Freiheit, ihren Urlaubsanspruch selbst zu bestimmen, und überträgt ihnen damit die Verantwortung. Dieses überträgt sich auf die Arbeitsleistung, für die sich Mitarbeitende gleichsam verantwortlicher fühlen werden.

Ein anderes Thema, das zunehmend in Organisationen diskutiert wird, ist Freiheit bei den Themen Gehalt und Sonderleistungen.

Beispiel: Freiheit in Gehaltsfragen @Deutsche Bahn und @Netflix
Die Deutsche Bahn, einer der größten Verkehrsdienstleister Europas, ließ ihren Mitarbeitenden die Wahl zwischen einer Gehaltserhöhung (2017 um 2,6 Prozent) und sechs zusätzlichen Urlaubstagen. Es wählten sechsundfünfzig Prozent die Urlaubstage (FAZ 2017). Bei Netflix können Mitarbeitende den Anteil an Aktienoptionen am Gehalt bestimmen.

Sipgate hat sich maximale Freiheit auf die Fahne geschrieben. Es gibt keine Titel, keine Führungskräfte, keine Abteilungen oder Budgets. Ein weiterer Trend in kleineren Firmen ist es, Mitarbeitende selbst Vergütungserwartungen formulieren und untereinander aushandeln zu lassen. Mit diesem Modell machten andere Firmen schlechte Erfahrungen, wie kürzlich bei einem deutschen Start-up beobachtet werden konnte. Die Mitarbeitenden fühlten sich nicht wohl dabei, über das eigene Gehalt und Erhöhungen zu entscheiden – ein Beispiel für eine Maßnahme zur Erhöhung der Freiheit, die von den Mitarbeitenden abgelehnt wurde. In diesem Fall war die Lösung demokratisch – ein gewähltes Gehaltsgremium trifft oder genehmigt gehaltsbezogene Entscheidungen.

In der Start-up-Szene gibt es einige Beispiele von Unternehmen, die sich nach der Maximierung der Freiheit am Arbeitsplatz aufgrund von Unzufriedenheiten bei Mitarbeitenden wieder dem Aufbau traditionellerer Richtlinien und Strukturen zuwandten. Wichtig ist, anzuerkennen, dass es viele Wege zwischen den Extremen gibt. Auch bei Freiheit gilt – die eine Lösung gibt es nicht. Es gilt, individuell auszuloten, von welcher Erhöhung des Handlungsspielraums und der Entscheidungsfreiheit profitiert wird, wobei im Zweifelsfall auch diese Entscheidung delegiert werden sollte. Das obige Beispiel zeigt, wie ein Zuviel an Freiheit nicht durch Hierarchie und Regelungen, sondern demokratisch gelöst wurde.

Freiheit, zu bestimmen wie man arbeitet

Zahlreiche weitere Optionen für Entscheidungsfreiheiten liegen darin, wie gearbeitet wird. Beispiele sind:

- Lockerung oder Abschaffen einer Kleiderordnung,
- Freistellen, wo innerhalb des Unternehmens der eigene Schreibtisch stehen soll/an welchem Schreibtisch gearbeitet wird,
- Die eigenen Tools, Geräte oder Software wählen lassen,
- Büroräume oder gesamte Etagen von Teams umgestalten lassen,
- Haustiere bei der Arbeit zulassen (sechstausend Hunde begleiten ihre Besitzer in die Amazon-Zentrale in Seattle, CNBC 2018).

Während ein Teil davon nach Trostpflastern klingt, dienen doch alle Punkte einer häufig wenig beachteten Wirkung von Freiheit am Arbeitsplatz: Mitarbeitende können das Firmengelände als Mensch betreten, ihre Persönlichkeit offener ausdrücken und so bedeutungsvolle Beziehungen am Arbeitsplatz erleichtern.

Die Möglichkeit, authentisch zu sein, bei der Arbeit man selbst zu sein, trägt wiederum zur Zufriedenheit und Motivation der Mitarbeitenden bei.

Die Freiheit in Bezug auf Arbeitsmittel klingt nicht nach viel. Das folgende Beispiel bei Zalando zeigt jedoch, wie Maßnahmen zur Erhöhung der Freiheit, hier im Speziellen die Wahl der Arbeitstools, die Anpassungsfähigkeit der Organisationen erhöhen.

Beispiel: Innere Quelle – Autonomie innerhalb der Struktur @Zalando

Bowman, Vice President für Engineering bei Zalando, erklärt in einem Interview mit McKinsey (2018), wie Autonomie mit Struktur in Zalandos technischer Einheit zusammenarbeitet. Zalandos einheitliche Infrastruktur wird den Teams zwar empfohlen, ihre Nutzung ist jedoch nicht verpflichtend. Dies gibt akquirierten Unternehmen die Möglichkeit, ihre Infrastruktur beizubehalten, und ermöglicht Teams, nach besseren Alternativen zu suchen. Zalando schafft mit dieser Autonomie eine »innere Quelle«, das interne Äquivalent zu Open-Source-Ansätzen. Neben Wegen zur Verbesserung und Innovation bringt diese auch eine höhere Transparenz mit. Hieran mussten sich die Teams erst gewöhnen: andere Personen können ihren Code lesen oder Änderungen an ihren Systemen vornehmen. Ein Beispiel dafür, wie das Unternehmen profitiert, wurde in einem Artikel von brand eins *vorgestellt: Zalando verwendete die Programmiersprache Python. Mit wachsender Anzahl von programmierenden Teams stellte sich heraus, dass Python die Geschwindigkeit der Anwendung verlangsamte.*

Was würde nun in einem traditionellen Unternehmen passieren? Immer mehr Beschwerden über die verminderte Geschwindigkeit würden sich summieren, bis das Management sie nicht mehr ignorieren könnte. Das Management würde dann das Thema auf die strategische Roadmap des nächsten Jahres setzen. Eine Initiative zur Suche nach einer besseren Lösung würde gestartet werden. Involviert würden möglicherweise die Teams, die keine Probleme erfahren. Wenig motiviert, kämen dann eher später als früher Lösungsvorschläge auf den Tisch. Beratungs- und Genehmigungsgremien bewerten die Optionen und entscheiden sich für eine. Nun muss das Unternehmen noch davon überzeugt werden, die neue Lösung zu nutzen.

Hier ist das, was bei Zalando als agiler Organisation passiert ist: Einige Teams ergriffen direkt Initiative und experimentierten mit einer anderen Programmiersprache (Scale), die das Problem löste. Immer mehr Teams hörten von dem Erfolg und adoptierten die neue Programmiersprache. Eine schnelle, unbürokratische Problemlösung und zufriedene Teams.

Große Unternehmen laufen Gefahr, schlicht zu langsam zu sein, um mit dem technologischen Fortschritt mitzuhalten. Veraltete Legacy-Systeme und komplexe, rigide Strukturen erfordern jedes Mal aufwendige Integrationsprojekte für den Einsatz einer neuen Technologie. Zalando bewahrt sich trotz der Größe von mehr als fünfzehntausend Mitarbeitenden über Autonomie die Flexibilität einer kleinen Firma.

Freiheit für die Verwirklichung von Potenzial und um das zu tun, was Spaß macht

Ein zentraler Wettbewerbsvorteil entsteht durch die Freiheit von Mitarbeitenden, zu entscheiden, an was gearbeitet wird, welche Beiträge geleistet werden, wo Mehrwert erzeugt wird.

Das *Agile Manifest* fordert, Projekte um motivierte Mitarbeitende und Teams aufzubauen. Dahinter steht die Annahme, dass hohe Leistungen eher von denen erbracht werden, die für eine Aufgabe motiviert sind und sich diese sogar aussuchten.

Scheitern oder Leistungseinbußen sind so auch weniger wahrscheinlich. Anders in einer traditionellen Struktur, in der Mitarbeitende Projekten zugeordnet werden oder Arbeitspakete zugewiesen bekommen. Hier können diese immer mit dem Finger auf die Vorgesetzten zeigen, wenn sie die erwartete Leistung nicht bringen, und sagen, sie hätten einfach die falsche Aufgabe bekommen. Wählt man Projekt oder Aufgabe selbst, übernimmt man eher die Verantwortung, dann auch die erwartete Leistung zu bringen – allein schon, um zu beweisen, dass man richtig entschieden hat.

Menschen die Freiheit der Wahl zu geben, woran sie arbeiten, hat gleich mehrere Vorteile:

- Motivation und Engagement steigen,
- Initiative nimmt zu,
- die Trefferquote, die richtige Person für einen Job zu finden, steigt durch Selbstauswahl,
- Rollen wachsen organisch und passen sich flexibel an veränderte Aufgaben an,
- Rollen werden vielfältiger und unterstützen fach- und funktionsübergreifendes Arbeiten.

Freiheit bei den Arbeitsaufgaben reicht von der Auswahl zwischen vorgegebenen Projekten oder Aufgaben (zum Beispiel bei Zappos) bis hin zur Kreierung eigener Aufgaben oder Projekte und deren Durchführung (zum Beispiel bei Gore). Sie kann sich zeitlich beschränken (siehe Googles Zwanzig-Prozent-Regel unten). Sie reicht von ausgehandelten Vereinbarungen mit Kollegen (zum Beispiel bei Zappos oder The Morning Star Company) bis zur individuellen Entscheidung (zum Beispiel bei Netflix oder Google).

Beispiel: Freiheit in der Aufgabenwahl @Valve

Das amerikanisches Videospielunternehmen Valve hat vierhundert Mitarbeitende und keine Führungskräfte. Mitarbeitende organisieren sich flexibel in Projekten. Alle können entscheiden, für welches Projekt sie arbeiten möchten, und sich dem jeweiligen Team anschließen.

Oftmals führt die allgemeine Freiheit bei der Wahl der Aufgaben nicht dazu, dass man selbst bestimmt, woran man arbeitet, sondern dass man seine Präferenzen aushandelt und versucht, das Beste aus den gegebenen Möglichkeiten zu machen. Ein genauerer Blick auf Zappos macht dies deutlich.

Beispiel: Frei – aber man bekommt nicht immer, was man will @Zappos

Zappos, ein amerikanischer Online-Schuhhändler mit tausendfünfhundert Mitarbeitenden, der von Amazon gekauft wurde, war als unkonventionelles Unternehmen bekannt, bei dem der Spaß an der Arbeit im Vordergrund stand. Zappos schaffte es mehrere Jahre in Folge auf die Fortune-100-Best-Places-to-Work-for-Liste, bis zur Einführung der Holokratie 2013 (basierend auf dem Konzept von Brian Robertson) für ein selbststeuerndes, selbstorganisierendes Unternehmen, eine »Teal Organisation«, wie sie Frédéric Laloux in seinem Buch Reinventing Organizations *beschreibt.*

Freiheit drückt sich bei Zappos vor allem durch die Wahl der Aufgaben aus. Tony Hsieh, CEO von Zappos, hatte die Vision, absolute Autonomie für Mitarbeitende zu schaffen. Hierfür verzichtete er auf Jobtitel und Führungsrollen. Mitarbeitende sind in sogenannten Kreisen organisiert, die an verschiedenen Produkten/Projekten arbeiten. Jede/r entscheidet selbst, in welchen Kreis er/sie möchte. Man kann dabei in mehreren Kreisen gleichzeitig arbeiten, indem man die Arbeitszeit anteilig auf die Kreise verteilt.

Bei Zappos sorgen sogenannte Lead Links dafür, dass die Kreise je zu hundert Prozent besetzt sind. Sie bestimmen letztlich, ob jemand am jeweiligen Projekt mitarbeiten kann und ob in Vollzeit oder vielleicht nur zu zwanzig Prozent. Die Mitarbeitenden sind dafür verantwortlich, durchgängig hundert Prozent ihrer Arbeitszeit einzusetzen.

Wenn Mitarbeitende nicht genügend Kreise finden, in denen sie ihre Arbeitszeit investieren können (auch nach einer Übergangsunterstützung), müssen sie das Unternehmen verlassen. Basierend auf Insiderartikeln und Bewertungen im Internet kämpft auch die führerlose Organisation mit Mikropolitik und Machtkämpfen.

Zwar wird in solchen Fällen nicht von oben diktiert, woran einzelne Mitarbeitende arbeiten, aber es ist Ergebnis von Verhandlungen mit Kollegen und dem Arrangieren mit aktuell verfügbaren Optionen.

Freiheit, die eigene Rolle zu gestalten, geht etwas weiter. Bei W. L. Gore und der tomatenverarbeitenden The Morning Star Company (die später näher vorgestellt wird) können die Mitarbeitenden ihre eigene Rolle auf der Grundlage von Anforderungen und Kompetenzen sowie Absprachen mit Kollegen gestalten.

Beispiel: Die Freiheit, die eigene Rolle zu formen @The Morning Star Company

Es gibt keine standardisierten oder gar zentral definierten Jobrollen. Mitarbeitende definieren ihre eigene Rolle auf der Grundlage dessen, was ihnen Spaß macht und wo sie mit ihren Fähigkeiten einen Mehrwert schaffen können. Welche Aufgaben eine Rolle beinhaltet und welche Leistungskennzahlen den Erfolg für jede Rolle bestimmen, wird mit den Kollegen verhandelt, die von der jeweiligen Arbeit betroffen sind.

Selbstbestimmte Flexibilität in der Rolle wird nicht nur in kleinen Unternehmen angewendet, wie beispielsweise W. L. Gore & Associates zeigen. Das Unternehmen begann mit der Vision einer nicht-hierarchischen Organisation und schaffte es, im Wachstum eine Struktur zu etablieren, die Selbstmanagement in Teams und einen hohen Grad an Freiheit für Einzelne sowie Selbststeuerung ermöglicht.

Beispiel: Freie Definition der eigenen Rolle @W. L. Gore

Gore ist ein materialwissenschaftliches Unternehmen, das sich auf Fluorpolymer-Technologie und -Herstellung spezialisiert hat. Zu den Produkten gehören Gore-Tex, Glide Zahnseide, Elixir Gitarrensaiten und synthetische Gefäßtransplantate. 1958 gegründet, beschäftigt die Firma heute neuntausendfünfhundert Mitarbeitende in dreißig Ländern, die über einen Aktienplan Miteigentümer sind. Gore gilt als Vorbild für organisationale und Produktinnovation (Hameln 2010).

Die Struktur umfasst produktorientierte Geschäftseinheiten und Supportfunktionen mit je einer leitenden Person. Zusätzliche Managementebenen gibt es keine, die Organisation ist flach und besteht aus selbstorganisierten

Teams. Es gibt weder ein Organigramm noch Jobtitel. Die Teams sind funktionsübergreifend organisiert.

Um trotz Wachstum Selbstorganisation zu ermöglichen, wurde die Größe der Einheiten auf maximal zweihundert Mitarbeitende festgelegt. Hier sieht Gore die Grenze, um ein hohes Engagement zu halten und nicht von einer Wir-haben-entschieden- zu einer Die-haben-entschieden-Haltung zu rutschen.

Mitarbeitern steht es frei, zu entscheiden, woran und in welchem Team sie arbeiten – sie verhandeln Verantwortlichkeiten mit einzelnen Kollegen beziehungsweise den Teams, in denen die Mitarbeitenden arbeiten möchten. Es wird angeregt, in mehr als einem Team zu arbeiten, um breitere Fähigkeiten und Perspektiven zu entwickeln.

Themen wie Beförderungen oder Vergütungen werden durch Peer-Rankings entschieden. Terri Kelly erhielt die Rolle des CEO, da sie mehrheitlich in einer breit angelegten Mitarbeitendenbefragung für die Stelle nominiert wurde.

Gore schaffte es auf die Liste der Fortune-100-Best-Companies-to-Work-for in den USA und wurde in mehreren europäischen Ländern als Arbeitgeber ausgezeichnet. Im Jahr 2009 wurde Gore in die Fast-50-Liste der Most Innovative Companies in the World aufgenommen.

Ein Beispiel für die Möglichkeit, frei zu entscheiden, welche Art von Ergebnis wir mit unserer Arbeit erzielen wollen, findet sich bei Google in der berühmten Zwanzig-Prozent-Regel, die diese Art zu arbeiten für einen Tag pro Woche erlaubt. Weniger reguliert finden sich diese Optionen bei vielen anderen fortschrittlichen Unternehmen, wie Netflix oder The Morning Star Company.

Beispiel: Freiheit, eigene Initiativen zu starten @Google

Google ermöglicht Mitarbeitenden, zwanzig Prozent ihrer Zeit kreativ zu verbringen, eigenständig Ideen zu entwickeln und zu verfolgen. Einzige Vorgabe ist, dass jeweils die Idee verfolgt wird, die den größten Nutzen verspricht (D'Onfro 2015). Nur zehn Prozent aller Mitarbeitenden nutzen diese Zeit. Der ehemalige Personalchef von Google, Laszlo Bock (2015), weist jedoch darauf hin, dass der wichtigste Effekt der Zwanzig-Prozent-Regel darin besteht,

Mitarbeitende zu inspirieren, sich neue lohnende Initiativen auszudenken. Sobald sich die Idee bewährt, entsteht ein Projekt mit wachsendem Zeitaufwand und einem wachsenden Kreis Freiwilliger, die sich dem Vorhaben anschließen.

Freiheit bedeutet nicht Abwesenheit von Prozessen und Regelungen

»Wir haben angefangen, eine kleine anarchistische Gemeinschaft aufzubauen, aber die Leute wollten sich nicht an die Regeln halten.«

Alan Bennett, englischer Dramatiker (übersetzt)

Die Angst, dass Freiheit Chaos und Anarchie fördert, hat sich nicht bestätigt. Viele Unternehmen zeigen, dass es gerade Freiheit ist, die effektive Selbstorganisation und eine Zusammenarbeit zwischen Teams ermöglicht. Erfolgreiche Beispiele haben jedoch drei Bedingungen gemeinsam:

1. Transparenz: Die Mitarbeiter kennen und verfolgen Handlungen des Unternehmens und verstehen die Auswirkungen ihrer Arbeit und ihrer Entscheidungen auf das Unternehmen und auf andere Teams;
2. klare Ziele, Vorgaben und Prioritäten sowie die Möglichkeit, den jeweiligen Fortschritt zur Steuerung der Arbeiten zu verfolgen.
3. gegenseitiges In-die-Pflicht-Nehmen.

Vorschriften, Richtlinien und Einschränkungen können sogar das Ergebnis gesteigerter Freiheit am Arbeitsplatz positiv beeinflussen. So kann eine gewisse Regulation beispielsweise verhindern, dass Freiheit zu einer Quelle von Reibung und Konflikten wird.

Prozesse und Regelungen haben die Eigenschaft, Transparenz und Orientierung zu schaffen, und sie dienen der vereinfachten Nachnutzung. Hilfreiche Prozesse können sogar ziel- und ergebnisorientiertes Handeln fördern, indem sie den Fokus auf das Ergebnis richten.

Betrachtet man, wie agile IT-Abteilungen und IT-Unternehmen ihre Arbeit optimiert haben, um mit Unsicherheit und Komplexität umzugehen, wird deutlich, dass Standardisierung für Reproduktion oder Wiederverwendung zentral ist.

Prozesse, Richtlinien und Vorschriften sind dann hilfreich, wenn sie Wertschöpfung und Effizienz nicht im Wege stehen und ermöglichen, sich an veränderte Rahmenbedingungen anzupassen. Das *Agile Manifest* fasst es zusammen: »Individuen und Interaktionen über Prozesse und Werkzeuge« und »Reaktion auf Veränderungen über Folgen eines Plans« – oder in diesem Zusammenhang: über Umsetzung eines Prozesses.

Freiheit speist Motivation

Freiheit am Arbeitsplatz und die Ermutigung, den individuellen Handlungsspielraum zu nutzen, haben für die Motivation der Mitarbeitenden eine zentrale Bedeutung. Einige Experten, wie Professor Dan Cable, Professor für Organisationsverhalten an der London Business School, sehen dieses Element als die einzige Lösung für Demotivation und inneren Rückzug am Arbeitsplatz. In seinem Buch von 2018 argumentiert er, dass es Aspekte der Freiheit sind, ergänzt durch Aspekte der Transparenz, wie im TEC-Modell beschrieben, die das Suchsystem unseres Gehirns aktivieren. Dort liegt unser biologischer Motor für Begeisterung und Motivation dafür, neue Fähigkeiten zu erlernen oder sich anspruchsvoller Aufgaben anzunehmen. Dessen Aktivierung löst den Drang aus, etwas zu tun und zu erreichen, was wiederum mit einer Dopaminausschüttung belohnt wird (dem Neurotransmitter, der für Glücksgefühle verantwortlich ist), die uns weiter antreibt.

Diese Aspekte sind die Möglichkeit und Ermutigung, zu erforschen, zu experimentieren und zu lernen (siehe »Spielen« oben) und sich sinn- und bedeutungsvollen Aufgaben zu widmen. Wie Professor Cable im *Harvard Business Review* (2018) schreibt: So sind wir biologisch gestrickt – wir sind gemacht, um so zu leben und arbeiten.

6.2 Praktische Hacks zu mehr Freiheit zum Anpassen und Gestalten

Freiheit zum Adaptieren und Kreieren für jede(n) Einzelne(n)

Checkliste

Reserviere Zeit zum Spielen:

☐ zum Ausprobieren neuer Ansätze oder Methoden,

☐ zum Experimentieren mit Alternativen,

☐ um eine Herausforderung oder beispielsweise einen Prozess aus einem ganz anderen Winkel zu betrachten,

☐ um verrückte Was-wäre-wenn-Szenarien zu formulieren.

☐ Stelle sicher, dass du jeden Zentimeter deines Handlungsspielraums nutzt, um Inhalt und Herangehensweise der Arbeit zu optimieren und an deine Präferenzen und Bedürfnisse anzupassen;

☐ nutze deine Entscheidungsfreiheiten, um das, was du tust, so zu gestalten, dass du deine Erfahrung, Fertigkeiten und dein Potenzial optimal einbringen kannst;

☐ nutze den Handlungsspielraum, um das, woran und auch mit wem du arbeitest, so zu justieren, dass maximaler Effekt resultiert;

☐ nutze den Handlungsspielraum, um dich optimal an Kundenbedürfnissen zu orientieren – in dem was du tust, wann und wie du es tust und wo du die Prioritäten setzt;

☐ arbeite an deiner Transparenz; denke daran, dass es für Machthaber einfacher ist, jemandem Freiheit zu gewähren, dem sie vertrauen; Transparenz fördert Vertrauen.

Freiheit zum Adaptieren und Kreieren für jede(n) Einzelne(n)

☐ Es ist Nebeneffekt von Kultur, dass wir uns automatisch innerhalb jener vermuteten (und unhinterfragten) Grenzen bewegen, die wir als Norm verstehen; mache es zum persönlichen Ziel, sicherzustellen, dass du sie so weit auslotest, bis du bis zu jeder tatsächlichen Grenze um dich herum gelangt bist; es mag überraschen, wie weit man gelangen kann;

☐ Sei mutig mit Vorschlägen für mehr Entscheidungsfreiraum und weise darauf hin, welcher Nutzen dadurch für andere erzielt werden kann;

☐ Nimm es in die Hand: Organisiere selbst oder innerhalb des Teams oder in deinen Netzwerken Set-ups, Strukturen und Vereinbarungen, die die individuelle Freiheit bei der Arbeit maximieren.

Verhilf anderen zu mehr Freiheit:

☐ Wem kannst du zu mehr Freiheit verhelfen? Einem Praktikanten oder einem Kollegen vielleicht, möglicherweise indem du für sie bürgst? Erlaube denen, die mit dir an etwas oder für dich arbeiten, ihre Arbeit auf ihre Weise zu erledigen;

☐ interveniere, wenn du siehst, dass jemand seinen Handlungsspielraum aufgrund von (falschen) Annahmen oder aus Gewohnheit nicht ausnutzt; dies gilt auch, wenn neue Freiheiten möglich werden, aber ungenutzt bleiben – zeige die Vorteile von mehr Selbstbestimmung auf;

☐ spreche an, wenn du Regeln, Vorschriften oder Prozesse siehst, die die Möglichkeit, eigene Entscheidungen zu treffen, unnötig einschränken.

Hacks

Positioniere dich, indem du Transparenz lebst:

☐ Sei transparent mit deiner Arbeit, Erfolgen und Misserfolgen;

☐ sei transparent mit deinen Gedankenprozessen, Zweifeln und offenen Fragen, mit Befürchtungen und Hoffnungen;

☐ vergiss nie, dir selbst die Frage zu stellen: »Was würde ich anders machen, wenn ich dürfte?« Darfst du nicht, bitte um Erlaubnis; wenn die Option nicht gewährt wird, suche nach alternativen Wegen innerhalb des Handlungsspielraums, um das Ziel trotzdem zu erreichen;

☐ vertraue auf die eigene Intuition und eigene Ideen und dränge auf die notwendige Handlungsfreiheit, durch das Aufzeigen, wie der Kunde/das Team/ das Unternehmen davon profitieren wird.

Checkliste

❑ Sei kreativ! Es gibt unzählige Parameter, die von den Mitarbeitern angepasst werden können, unzählige Wahlmöglichkeiten (von Vergütungsaspekten über Arbeitszeit und -ort bis hin zu Ansätzen, Methoden und Möglichkeiten der Zusammenarbeit) – je mehr Entscheidungen selbst getroffen werden können, desto besser;

❑ keine Entscheidungs-, keine Wahlmöglichkeit ist zu klein und ist vielleicht gerade das Detail, das für jemanden einen Unterschied macht und das Gefühl der Kontrolle erhöht;

❑ die Festlegung von Randbedingungen kann beim Lösen der Leine helfen, solange sie unmissverständlich sind (Hinweis: Sie klingen normalerweise wie »Solange xyz – kannst du tun, was du willst«);

❑ ermuntere Teams, sich soweit wie möglich selbst zu organisieren;

❑ finde Möglichkeiten und Strukturen, die befähigen und ermöglichen, selbst zu entscheiden, woran, wie und mit wem man arbeiten möchte, mit dem Ziel, den Effekt der Arbeit und den Spaß an der Arbeit zu maximieren und das, was man mitbringt, zum Einsatz zu bringen;

❑ mache das Spiel zu einem regelmäßigen Event in der Agenda aller Mitarbeitenden, um kontinuierliche Verbesserung und Innovation zu fördern;

❑ nutze verschiedene Methoden, um das Spiel zu fördern; dies können Workshops sein, aber auch spezielle Arbeitsräume hierfür oder Material wie beispielsweise LEGO;

❑ ermuntere und belohne Vorschläge und Ideen für Veränderungen, die dem Wunsch entspringen, Kunden besser zu dienen;

❑ innerhalb des Teams ist es ratsam, immer die Notwendigkeit gemeinsamer Regelungen zu hinterfragen, bevor Teamregeln oder Zeremonien zum Beispiel für alle festgelegt werden.

Hacks

❑ Schaffe physische Räume, wo die neue Art zu arbeiten ausprobiert und gelebt werden kann und Personen sich begegnen; achte beim Design darauf, dass es anders ist und eine neue Art des Denkens und der Interaktion fördert.

❑ Sei sparsam mit Regeln und schaffe so viele Regeln wie möglich ab; eine Regel ist Aufruf, den eigenen Verstand nicht einzuschalten;

❑ lebe das Prinzip »Selbstmanagement über Management« – Selbstorganisation im Team ist ein Selbstläufer, der den Handlungsspielraum des Teams erhöht.

Freiheit zum Adaptieren und Kreieren für das Team/die Einheit/die Organisation

❑ Wenn Arbeit delegiert werden muss, delegiere nicht an Einzelpersonen, delegiere an Teams – auf diese Weise entstehen dort Entscheidungsmöglichkeiten;

❑ jedes Mal, wenn eine Regel genehmigt werden soll, hinterfrage, ob sie wirklich notwendig ist; jedes Mal, wenn eine Entscheidung getroffen werden soll, hinterfrage, ob diese nicht von den Mitarbeitenden oder Teams selbst getroffen werden kann;

❑ stelle Fragen! Frage die Leute regelmäßig, was sie ändern würden, wenn sie könnten (bezüglich Umständen, Inhalten, Regeln oder Vorgehensweisen) – befolge die Daumenregel: Was nicht weh tut, wird erlaubt.

Agile Methoden/Tools

❑ Selbstorganisation;

❑ Delegation-Poker.

6.3 Befähigung (Empowerment zum Führen)

Mitarbeitende zur (Selbst-)Führung zu befähigen bedeutet, ihnen Verantwortung zu überlassen. Empowerment bedeutet nicht nur Selbstorganisation, sondern Selbststeuerung zu erlauben und möglich zu machen. Hierzu gehört das autonome Treffen von ergebnisrelevanten Entscheidungen. Ein weiterer Teil ist das selbstständige Initiieren und Einführen von Veränderung, die auch für andere (Kollegen, Abteilungen, Stakeholder, Kunden) spürbare Implikationen hat, sowie das Selbst-in-die-Hand-Nehmen von Ergebnisverantwortung.

Befähigte Mitarbeitende und Teams können sich allein darauf konzentrieren, Kunden zu begeistern, statt sich um Genehmigungen oder die Zufriedenheit anderer interner Gruppen kümmern zu müssen. Sie müssen auch keine Zeit darin investieren, Ideen zu sozialisieren, um Buy-in zu gewinnen, oder sich an politischen Manövern zu beteiligen, um ihre Agenda voranzutreiben. So können sie sich auf Wertschöpfung konzentrieren. Empowerment bedeutet, der traditionellen, tayloristischen Trennung von Entscheiden und Ausführen den Rücken zu kehren. Zentrale Entscheidungsfindung wird dezentralisiert und an die Ränder der Organisation gedrückt. Entscheidungen finden dort statt, wo sich ihre Notwendigkeit auftut und sie schließlich ausgeführt werden – in den Teams, bei den Mitarbeitenden, an den Schnittstellen zum Kunden und anderen Außenstehenden.

Ein weiterer Effekt von Empowerment am Arbeitsplatz soll herausgestellt werden, ein psychologischer. Wenn Menschen ermächtigt sind, hören sie eine Botschaft laut und deutlich: Wir glauben an dich, wir vertrauen darauf, dass du erfolgreich sein wirst. Und das hat, wie im Folgenden beschrieben, einen wichtigen Einfluss.

Achtung: selbsterfüllende Prophezeiung – der Pygmalioneffekt

Bekannt geworden sind Studien mit Lehrkräften, die zufällig zugewiesene Informationen über ihre Schüler(innen) erhalten haben. Zum Beispiel, dass Schüler a sehr klug ist und eine Antwort auf jede Frage hat, während Schüler b nicht gut aufpasst und stört und die Intelligenz des Schülers c unterdurchschnittlich ist. Nach einiger Zeit konnten die entsprechenden Tendenzen im Verhalten der Schüler beobachtet werden. Es erwies sich sogar, dass die Höhe des Lerngewinnes der Schüler, über einen Zeitraum von acht Monaten, über die induzierte Überzeugung der Lehrkraft erklärt werden konnte (Rosenthal/Jacobson 1968).

Rosenthal und Babad (1985) fassen zusammen (übersetzt): »Lehrkräfte neigen dazu, Schüler, über die sie positive Annahmen haben, bevorzugt zu behandeln und bei ihnen eine bessere Leistung zu bewirken. Lehrkräfte neigen dazu, Schüler, über die sie weniger positive Annahmen haben, benachteiligend zu behandeln und von ihnen eine minderwertige Leistung zu erhalten.« Erwartungen beruhen auf Annahmen.

Auch am Arbeitsplatz kann der Pygmalioneffekt beobachtet werden (zum Beispiel King 1971). Es ist nicht abwegig, anzunehmen, dass eine ähnliche Wirkung durch ungeschriebene Regeln und Annahmen der Unternehmenskultur verursacht werden kann.

Empowerment bedeutet: die Macher denken lassen

Solange Denken und Entscheiden in den oberen Stockwerken erfolgt, während die Ausführung unten in den Werkstätten, in den Geschäften, an den Schreibtischen passiert, gibt es kein Empowerment. Empowerment bedeutet, die Macher selbst denken und entscheiden zu lassen.

»Jede Entscheidung hat zwei Elemente: (1) was man idealerweise gerne tun würde und (2) was man tatsächlich tun kann.«

Peter Drucker, Pionier des modernen Managements (übersetzt)

Unternehmen zögern oft damit, Empowerment wirklich anzugehen, da sie mit Abgabe von Entscheidungsmacht Kontrollverlust fürchten. Durch das Transparenzprinzip als erste bestimmende Säule der agilen Kultur wird dies aber verhindert. Die Entscheidungsmacht rückt nach außen in der Organisation. Die Ergebnisse werden aber durch gelebte Transparenz für alle sichtbar. Einzelne wie Teams verspüren diesen Zusammenhang und handeln entsprechend. Die verschiedenen Säulen der agilen Kultur wirken wie ein Automatismus, der zu erwünschten Ergebnissen führt.

Der Blick in einige größere Unternehmen zeigt, wie Empowerment funktionieren kann. Vineet Nayar, ehemaliger CEO von HCL Technologies, Howard Schultz, CEO von Starbucks, und Jeff Bezos, CEO von Amazon, sind Beispiele für Führungskräfte, die sich für die Befähigung der Mitarbeitenden einsetzen und darauf vertrauen, dass der (einzige) Weg zum Erfolg durch überlegenen Kundenservice darin besteht, dass Mitarbeitende persönlich für die Kundenerfahrung verantwortlich sind.

Es gibt viele Beispiele, die den Wert von eigenverantwortlichen Teams belegen. Hier eines aus dem Einzelhandel.

Beispiel: Entscheidungsmacht für Teams @ein Einzelhändler
Ein Einzelhändler, der eine schnellere Verbesserung der kundenorientierten Dienstleistungen erreichen musste, schaffte dies durch das Übertragen von mehr Autorität an kleine Teams (Bossert/Kretzberg/Laartz 2018). Die Teams erhielten das Ziel, Konversionsraten um dreißig Prozent zu verbessern, und konnten den Weg dorthin dann selbst bestimmen. So kam beispielsweise eines der Teams, das für E-Mail-Kampagnen verantwortlich war, auf die Idee, kleinere Kundengruppen mit speziellen Inhalten für Sonderangebote und Ähnlichem anzusprechen. Sie testeten die Idee in einer parallel laufenden Kampagne und verglichen die Ergebnisse. Die neue Kampagne erhöhte die Konversionsrate und wurde daher übernommen. Ohne, dass eine Genehmigung erforderlich war.

HCL Technologies erlebte in seiner Transformation deutlich: Innovation und höchste Kundenzufriedenheit können nur von unten nach oben erreicht werden, wenn Mitarbeitende nach ihrem Wissen über den Kunden handeln. Diese Offenbarung über die Signifikanz der Mitarbeitenden am Boden der Unternehmenspyramide führte zu einem Turnaround bei HCL – »Zuerst kommen die Mitarbeitenden, dann die Kunden« (Nayar 2010, übersetzt) –, der die Unternehmenspyramide auf den Kopf stellte. Führungs- und Unterstützungsfunktionen wurden den Mitarbeitenden gegenüber rechenschaftspflichtig gemacht. Mitarbeitende genießen die Förderung unternehmerischen Denkens, dezentrale Entscheidungsfindung und Eigenverantwortung für Veränderungen. So gibt es beispielsweise ein elektronisches Ticketsystem, bei dem Mitarbeitende Tickets an jede der Supportfunktionen öffnen können, die das Problem dann in vorgegebener Zeit lösen müssen. Geschlossen werden kann das Ticket nur von den Mitarbeitenden selbst, um sicherzustellen, dass das Problem wirklich gelöst ist.

Auch traditionellere Unternehmen setzen zunehmend auf Empowerment. Siemens oder Novartis sind Beispiele. Für Robert Neuhauser (2018), Executive Vice President und Global Head of Siemens People and Leadership, zeichnet sich ein zukunftsorientiertes Unternehmen vornehmlich durch eine Struktur aus, die den Menschen die Freiheit gibt, autonom und schnell zu handeln.

Empowerment und Führung

Empowerment bedeutet nicht unbedingt, dass es keine Supervision gibt – wenn der Bedarf dafür auch sinkt. Betrachten wir es aus Perspektive der Führungskraft.

Wieso haben Führungskräfte Vorbehalte gegen das Empowerment von Mitarbeitenden? Ermächtigung von Mitarbeitenden bedeutet Entmachtung von Führungskräften. Mitarbeitenden mehr Freiheit zu geben, ist eines. Die Befähigung, das Empowern der Mitarbeitenden, Entscheidungen zu treffen, mag der schwierigste Schritt für Vorgesetzte sein. Dadurch verlieren sie nicht nur die Kontrolle, sondern auch die Macht. Dies führt die meisten Vorgesetzten weit aus ihrer Komfortzone heraus.

Wahre Befähigung bedeutet, befähigt zu sein, Entscheidungen zu treffen, die Auswirkungen auf das Geschäft, den Kunden, das Unternehmen haben. Viele Leser werden spüren, wie ihre Füße ein wenig kalt werden, wenn sie diesen letzten Satz lesen. Klingt riskant, Teams oder Mitarbeitenden diese Art von Verantwortung anzuvertrauen beziehungsweise solche Verantwortung als Mitarbeitender zu übernehmen.

Unternehmen wie Netflix oder Spotify sind sich einig, dass es ein Risiko gibt. Wird jedoch eine falsche Entscheidung getroffen, bietet sich die Gelegenheit, zu lernen. Priorität hat die Möglichkeit für Mitarbeitende, schnell und unmittelbar Entscheidungen zu treffen und unternehmerisch zu handeln. Aber trotzdem, treffen Mitarbeitende schlechtere Entscheidungen?

Treffen Mitarbeitende schlechtere Entscheidungen?

Gründer und CEO von Spotify, Daniel Ek, schätzt (Ramge 2015): In siebzig Prozent der Fälle treffen gute Mitarbeitende die gleiche Entscheidung, die ihre Vorgesetzten treffen würden. In zwanzig Prozent der Fälle ist die Entscheidung der Mitarbeitenden besser, da sie mehr über das Themengebiet wissen. In den restlichen zehn Prozent der Fälle entscheiden die Mitarbeitenden falsch. Natürlich haben wir es bei Spotify mit ziemlich gut ausgebildeten Menschen zu tun, die es gewohnt sind, selbstständig zu arbeiten und Entscheidungen zu treffen, und die über alle Informationen und Daten verfügen, die sie dafür benötigen.

Doch Fachkompetenz spielt in jedem Fall eine Rolle, und es ist anzunehmen, dass Mitarbeitende gut und vielleicht besser gerüstet sind, Entscheidungen im Kontext ihrer Tätigkeit zu treffen als ihre Vorgesetzten, die vielleicht nie selbst in diesem Bereich tätig waren. Vorausgesetzt, sie sind gut über Vision und Strategie informiert und haben den notwendigen Überblick, um die Auswirkungen einer Entscheidung vollständig zu verstehen.

Jemanden zu befähigen, eine Entscheidung zu treffen, bedeutet, dass keine Genehmigung erforderlich ist, bevor die Entscheidung in Kraft tritt. Vielen Führungskräften fällt dies schwer.

Genehmigungsbedarf durch Vorabgenehmigung vermeiden

Wenn sich jemand noch nicht sicher fühlt, eine Entscheidung allein zu treffen, wenn das Team oder wenn die Führungskraft noch nicht zu solchem Vertrauen bereit sind, kann das Konzept der Vorabgenehmigung helfen, diesen Zustand zu überbrücken. Für eine Vorabgenehmigung braucht es eine klare Definition der Ergebniserwartung. Anhand dieser Spezifikationen ist das Team oder der/die Einzelne in der Lage, die Entscheidung selbstständig zu treffen.

Empowerment ohne Vorgesetzte

Um zu betonen, dass durch Empowerment Macht von Führungskräften auf Mitarbeitende übertragen wird, hat das Pharmaunternehmen Novartis das Konzept »Unbossed« aus dem gleichnamigen Buch von Kolind und Botter (2012) übernommen.

Beispiel: Bemächtigt oder unbossed @Novartis

Erst kürzlich hat sich Novartis, ein weltweit tätiges Pharmaunternehmen mit Hauptsitz in der Schweiz, einer Reihe von Unternehmen angeschlossen, die Empowerment predigen, um autonome Teams zu erreichen. Novartis beschäftigt weltweit einhundertfünftausend Mitarbeitende und galt als ein stark top-down gesteuertes Unternehmen mit wenig Freiraum für Mitarbeitende. Der neue CEO von Novartis, Vas Narasimhan, beschloss, das Potenzial des Unternehmens durch die Stärkung der Teams zu wecken. Die Transformation soll etwa zur Hälfte abgeschlossen sein, und die verbleibende Veränderung soll innerhalb der nächsten fünf Jahre erfolgen.

Die neue Kultur, für die sich Novartis entschieden hat, besteht aus drei Dimensionen: Neugierig, inspiriert, unbossed. Neue Strukturen und Prozesse sowie zahlreiche Initiativen zur Transformation des Unternehmens stammen von internen Mitarbeitenden. Teil der Transformation ist eine Umfrage für

Führungskräfte, die sich auf drei Fragen konzentriert: Wo stehe ich? Was kann ich verbessern? Wie diene ich meinem Unternehmen? Die Ergebnisse werden mit einem Mitarbeitendengespräch gespiegelt und bilden Grundlage für die Veränderung.

Die ersten Erfolge beschreibt ein aktueller Artikel (Schütz 2019). In Belgien hat ein Packteam den Produktionsprozess neu gestaltet. Die zweihundert Mitarbeitende umfassende Organisation wurde in vier selbstverwaltete Teams umgewandelt. Die Leistung stieg, während die Fluktuation zurückging. In den USA hat ein Vertriebsteam den Marketingansatz für ein pharmazeutisches Produkt autonom verändert und kann eine Verdoppelung der Anzahl der Kundenkontakte nachweisen.

Novartis beschreibt zehn Prinzipien für »Unbossed«:

1. *Fokussiert euch auf Purpose statt Profit.*
2. *Löst die alte Hierarchie auf und ermutigt jeden zur Zusammenarbeit.*
3. *Baut das Geschäft zu einem sozialen Netzwerk um.*
4. *Werdet als Arbeitgeber so attraktiv, dass ihr die besten Leute anzieht.*
5. *Tretet zur Seite und lasst die Mitarbeitenden die Führung übernehmen.*
6. *Macht die Kunden zu Partnern und Anwälten eurer Mission.*
7. *Verzichtet auf rigide Bezahlstrukturen und strikte Bonussysteme – und Mitarbeitende, denen so etwas wichtig ist.*
8. *Involviert Personen außerhalb der Firma, auch in Forschung und Entwicklung.*
9. *Toleriert Fehler und redet offen darüber.*
10. *Stärkt den Dialog innerhalb der Firma durch die Nutzung von Social Media.*

Während die Abschaffung von Führungspositionen eine von vielen Optionen für Empowerment ist, kann es eine Inspiration sein, Empowerment innerhalb einer cheffreien Struktur tiefergehend zu betrachten.

Zuvor gibt es hier ein Beispiel für eine flexiblere Herangehensweise an die Frage nach dem Bedarf an Management – diese könnte für verschiedene Abteilungen unterschiedlich beantwortet werden, wie das Unternehmen Happy erlebte.

Beispiel: Brauchen wir diese Führungsposition? @Happy

Mitten in Happys Transformation 2017 und 2018 verließ der Direktor der IT-Trainingsabteilung das Unternehmen. Happy hat ihn nicht ersetzt, sondern die Mitarbeitenden gefragt, wer eine oder mehrere Aufgaben des ehemaligen Direktors übernehmen möchte. Was übrig blieb, wurde einfach eingestellt (und nicht vermisst).

Spotify ist ein bekanntes Beispiel einer Organisation, die sich auf autonome Teams stützt.

Beispiel: Empowerte Teams @Spotify

Spotify, der größte Musik-Streaming-Anbieter der Welt, ein schwedisches Unternehmen, verfügt über interdisziplinäre Teams ohne Vorgesetzte, die befähigt sind, Entscheidungen selbst zu treffen und auszuführen. Die Unabhängigkeit der Teams ist gegeben, da jedes die Verantwortung für einen Teil der Musikplattform trägt. So kann beispielsweise das für die Suche verantwortliche Team Änderungen am Suchalgorithmus vornehmen, ohne jemanden um Zustimmung zu bitten. Einzige Voraussetzung für die Durchführung einer Veränderung ist der Nachweis, dass die neue Lösung Vorteile schafft. Treten nach der Freigabe Fehler auf, ist das Team für deren Behebung verantwortlich, da es auch die Verantwortung für die kontinuierliche Verbesserung der Anwendung trägt (Ramge 2015). Der Nachteil? Über die verschiedenen Anwendungen hinweg ein gemeinsames Look-and-Feel für den Kunden zu bewahren, ist eine ständige Herausforderung.
Teamstrukturen beruhen auf der Grundlage von Scrum. Interdisziplinäre Teams von sechs bis zwanzig Mitarbeitenden, sogenannte Squads, verfügen über einen agilen Coach und einen Product Owner, aber keinen Chef. Um Austausch und die gemeinsame Ausrichtung innerhalb assoziierter Arbeitsberei-

che zu gewährleisten, sind die Squads in Tribes zusammengefasst. Maximal
einhundertfünfzig Squads bilden einen solchen Tribe.
Neben einem Squad und einem Tribe gehören Mitarbeitende zu einem Chap-
ter. Die Chapterleitung hat Autorität in formalen, administrativen Fragen,
wie der Genehmigung von Urlaub, und darüber hinaus beratende Funktion.
Über dieser Struktur befinden sich die Gilden mit den höchsten Koordi-
natoren, dem Systemeigentümer und dem Chefarchitekt. Sie sind dafür
verantwortlich, die Organisation informiert zu halten und größere System-
änderungen zu genehmigen, die mehrere Tribes betreffen.

W. L. Gore ist ein managementfreies Unternehmen im Bereich der Fertigung. Buurtzorg ist ein managementfreies Beispiel im Bereich der Pflege-
dienste. Schauen wir noch in die Lebensmittelverarbeitung.

Wenn autonome Teams ohne Aufsicht seit den Neunzigerjahren zuverlässig
Tomatenmark und Tomatenwürfel liefern können und heute vierzig Prozent des amerikanischen Marktes (The Morning Star Company) ausmachen,
ist es schwierig zu argumentieren, dass Bosse woanders wirklich unabdingbar sind. Wie dieses Beispiel jedoch auch zeigt, macht die Eliminierung
von Führungspositionen die einzelne Person nicht unbedingt zum eigenen
Chef. Zappos und andere managerfreie Unternehmen zeigen eine ähnliche
Dynamik: Verhandlungen mit einem Chef werden durch Verhandlungen mit
Kollegen ersetzt.

Beispiel: Eine Firma ohne Chefs @The Morning Star Company

The Morning Star Company ist ein amerikanisches Lebensmittelverarbei-
tungsunternehmen und mit einem Marktanteil von zehn Prozent das größ-
te Tomatenverarbeitungsunternehmen der Welt. Dort arbeiten sechshundert
Mitarbeitende ohne Jobtitel und ohne Chefs und rund viertausend Saison-
arbeiter. Das Unternehmen wurde durch seinen Ansatz prominent, unter
anderem wurde es im Harvard Business Review *(Hamel 2011), in Frederic*
Laloux' einflussreichem Buch Reinventing Organizations *und der* Reason
Foundation *(2011) beschrieben.*

So beschreibt sich das Unternehmen auf seiner Webseite selbst (übersetzt):
»Wir stellen uns eine Organisation von selbstverwalteten Fachleuten vor,
die die Kommunikation und Koordination ihrer Aktivitäten mit Kollegen,
Kunden, Lieferanten und anderen Branchenteilnehmern initiieren, ohne An-
weisungen von anderen. Für Kollegen, die Freude und Begeisterung daran
finden, ihre einzigartigen Talente zu nutzen und diese Talente in Aktivitäten
zu verwandeln, die das Tun ihrer Kollegen ergänzen und stärken. Und für
Kollegen, die persönliche Verantwortung übernehmen und für die Erfüllung
unserer Mission einstehen.«

Die Unabhängigkeit der Teams hilft dem Unternehmen, unterschiedlichste
Kundenanforderungen zu erfüllen und schnell auf veränderte Bedingungen
zu reagieren. Für besonders wichtig hält das Unternehmen eine klare Vision
und gemeinsame Werte.

Keine Bosse, keine Titel und auch keine zentral definierten Rollen oder Stellen, stattdessen definieren Mitarbeitende ihre Stelle selbst, flexibel. Das Verständnis ist, dass jeder das Recht hat, sich überall dort zu engagieren, wo
seine Fähigkeiten einen Mehrwert bringen. Dies führt oft zu breiteren Rollen
und Menschen, die Wandel außerhalb ihres Bereiches vorantreiben (Hamel
2011).

Verantwortlichkeiten werden nicht delegiert, sondern mit Kollegen verhandelt. Anstelle eines jährlichen Gesprächs mit der Führungskraft spricht man
mit zehn oder mehr Kollegen für jeweils zwanzig bis sechzig Minuten, mit
dem Ergebnis eines Colleague Letter of Understanding. Dieses definiert die
Aufgaben und Leistungskennzahlen für Mitarbeitende für das nächste Jahr.

Ebenso werden Vergütungsentscheidungen auf Peer-Basis getroffen. Ein ge-
wählter Vergütungsausschuss überprüft die selbstberichtete Leistung anhand
der je festgelegten Kennzahlen aus dem Colleague Letter of Understanding sowie zum Beispiel Return on Investment und trifft Vergütungsentscheidungen.

Jede/r ist für die Beschaffung seiner/ihrer Arbeitsmittel verantwortlich,
trifft nach Absprache mit internen Experten selbst Kaufentscheidungen. Wie
im Harvard Business Review beschrieben, könnte ein(e) Mitarbeitende(r),
der/die eine Investition von drei Millionen Dollar plant, so mit bis zu dreißig
Kollegen sprechen, bevor er/sie die Entscheidung trifft.

Auch Einstellungsentscheidungen werden von den Mitarbeitenden getroffen. Für eine Neueinstellung müssen die von den Kosten betroffenen Kollegen von deren Notwendigkeit überzeugt werden.

Das System basiert darauf, dass Mitarbeitende richtige Entscheidungen treffen und sich bei Bedarf untereinander abstimmen. Hierzu gibt es sehr detaillierte Regelungen für die Einigungsfindung beziehungsweise die Eskalation an den Präsidenten des Unternehmens als letztes Mittel. In der Regelung wird ermahnt, die Vision, Mission und Werte des Unternehmens als Entscheidungsgrundlage zu nehmen. Darüber hinaus wird beschrieben, wie systematisch mehr Kollegen einbezogen werden, wenn sich zwei nicht einig werden. Der erwähnte Artikel zitiert einige Insiderstimmen, die Morning-Star-Mitarbeitende als »Auftragnehmer in einem Netz multilateraler Verpflichtungen« beschreiben und den Nagel auf den Kopf treffen: »Hier ist niemand und jeder dein Chef.«

Mit oder ohne Vorgesetzte, innerhalb jeder Struktur kann von Zeit zu Zeit ein Alleingang erforderlich sein, auch wenn dieser auf Ungehorsam basiert. Ein solches Beispiel findet sich im Buch *Planet Google* von Randall Stross.

Beispiel: Alleingang @Google

2002 kam der Google-Mitarbeitende Buchert auf die Idee, kontextsensitive Werbung zu schalten. Seine damalige Kollegin riet ihm vom Versuch ab. Dann war da Sergey Brin, einer der Gründer von Google, der überzeugt war, dass Anzeigen mit der Google-Suche der Nutzer verbunden sein sollten und nicht mit dem, was sie gerade lesen. Obwohl Buchert sich einverstanden erklärte, seine Idee nicht weiterzuverfolgen, arbeitete er die ganze Nacht daran, eine funktionierende Version von Anzeigen zu entwickeln, die abhängig vom Inhalt einer gelesenen E-Mail angezeigt werden. Mit der Demonstration der Entwicklung gewann er die Genehmigung für Adsense – ein großer Umsatzträger heute.

Kontrollwarnung!

Hier ist eine Warnung vom Gastprofessor der London Business School, Hamel (2014b): »Solange Kontrolle auf Kosten der Freiheit erhöht wird, werden unsere Organisationen in ihrem Kern inkompetent bleiben.« Unter Freiheit versteht Hamel, was hier als Empowerment bezeichnet ist: die Möglichkeit, Regeln zu biegen, Risiken einzugehen, Wege zu umgehen, Experimente zu starten und einer Leidenschaft nachzugehen.

Dies ist kein Appell dagegen, die richtige Struktur zu finden, umzusetzen und zu sichern. Wo das *Agile Manifest* sagt: »Individuen und Interaktionen über Prozesse und Werkzeuge«, meint das TEC-Modell: »Geist über Materie«, und spricht von Ergebnisorientierung und Flexibilität. Selbst die beste Struktur ist nicht für jedes Ziel die beste Lösung.

Bedingungen für Empowerment

Wollen Mitarbeitende überhaupt Empowerment? Führungskräfte, die loslassen und ihre Mitarbeitenden befähigen, sind die eine Seite der Medaille. Die andere Seite sind Mitarbeitende, die nicht bereit oder nicht in der Lage sind, Verantwortung zu übernehmen. Oft wissen sie nicht, wie. Viele Faktoren, die in diesem Kapitel behandelt werden, könnten ebenfalls eine Rolle spielen, Fehlertoleranz oder Vertrauen sind zum Beispiel zwei. Vergangene Erfahrungen und Jahrzehnte mit chronischem Mangel an Selbstständigkeit im Arbeiten hinterließen Spuren. Und: Menschen haben unterschiedliche Vorlieben.

Ermächtigen? Nicht entmächtigen!

Solange es um das Empowern von Mitarbeitern geht, liegt eine Annahme zugrunde: Mitarbeitende haben keine Power. Dabei sind Mitarbeitende Personen. Personen, die voll und ganz befugt und fähig und es sogar gewohnt sind, in ihrem Leben Entscheidungen selbst zu treffen und sich selbst zu steuern – bis sie das Firmengelände betreten. An einem Mindset des Empowerments zu arbeiten, ist sinnfrei. Vielmehr sollten Mitarbeitende als entscheidungsfähige, kompetente und verantwortungsbewusste erwachsene

Personen behandelt werden und es sollte ihnen ermöglicht werden, sich einen entsprechenden Verantwortungsbereich bei der Arbeit aufzubauen.

Was Menschen auf dem Weg zu mehr Verantwortung bei der Arbeit helfen kann, war auch Thema im Experteninterview für dieses Buch mit Henry Stewart, Autor des *The Happy Manifesto* und einflussreicher Geschäftsdenker (Guru Radar of Thinkers 50). Basierend auf seiner Erfahrung sind es drei zentrale Punkte, die die Entstehung einer Kultur des Empowerments begünstigen:

1. Richte dich nach den Stärken der Menschen,
2. gib Menschen Freiheit und Vertrauen,
3. mach Führungskräfte zu Coaches.

Mit den Bedenken der Unternehmen in Bezug auf Mitarbeitendenbefähigung konfrontiert, deutet Stewart an, dass sein erster Punkt die Grundlage ist: »Lasse Menschen das tun, worin sie gut sind.« Menschen werden viel eher bereit sein, Verantwortung in einem Bereich zu übernehmen, den sie beherrschen. Und für Führungskräfte ist es einfacher, Mitarbeitenden, die ihre Arbeit beherrschen, zu vertrauen und sie entsprechend zu befähigen.

Sobald angefangen wird, Mitarbeitende zu befähigen, wird das wahre Ausmaß der Entmachtung in der tayloristischen Organisation sichtbar. Und mit ihm die Wirkung, die es auf die Menschen hatte. Bei Siemens waren viele Führungskräfte während der Transformation überrascht, wie schwierig es für einige war, Verantwortung zu übernehmen, wie Robert Neuhauser (2018), Executive Vice President und Global Head of Siemens People and Leadership, beschreibt.

In vielen Transformationen vergeht kein einziger Tag, ohne mindestens eine weitere Annahme, Gewohnheit oder Überzeugung zu finden, die revidiert werden muss.

Um eine befähigtere organisatorische Aufstellung zum Erfolg zu führen, müssen einige Voraussetzungen geschaffen werden. Rahmenbedingungen, die es Mitarbeitenden ermöglichen und erleichtern, Verantwortung zu übernehmen. Diese sind im CII-Modell aufgeführt.

CII-Bedingungen für erfolgreiches Empowerment: Kompetenz (Competence), Information, Intention

Kompetenz (Competence): Der/die Einzelne muss über die richtigen Kompetenzen (Wissen, kognitive und persönlichkeitsbasierte Fähigkeiten, Fertigkeiten), die notwendige Kapazität und Handlungsfreiheit verfügen. Ein kompetentes Team braucht die richtigen Mitglieder.

Information: Ein Höchstmaß an Transparenz ist erforderlich, damit die Menschen fundierte Entscheidungen treffen können. Um einige Aspekte zu nennen: Sinnzweck und Vision müssen verstanden werden, ebenso wie die Strategie und Taktik des Unternehmens. Die Kenntnis des Kunden und des Marktes muss umfassend und aktuell sein. Aktuelle Kapazitäten und Prioritäten des Unternehmens müssen bekannt sein, ebenso wie laufende Initiativen zur Suche nach Synergien.

Intention: Passen die Ziele der Person zu den Zielen der Organisation? Ist die Person den ethischen Richtlinien und Werten des Unternehmens verpflichtet und unterstützt die Vision? Setzt die Person die Prioritäten in Übereinstimmung mit den Prioritäten des Unternehmens?

Unten sind die drei Bedingungen anhand eines einfachen Beispiels illustriert.

CII-Illustration – Die Hochzeitsplanung

Wem würde man Planung und Organisation anvertrauen? Einem guten Planer und Organisator mit einem Gefühl für Veranstaltungen. Jemandem, der weiß, wen er einbeziehen muss, wen er für Dienstleistungen wie Catering oder Musik einstellen kann, mit einem Auge für Qualität und Ästhetik, zuverlässig und kreativ. (Kompetenz)

Jedoch ist es die eigene Hochzeit, also sollten die eigenen Erwartungen erfüllt werden, einschließlich des Budgets. Die Person muss also alles über die Ideen, Prioritäten und Vorlieben des Auftraggebers wissen und natürlich auch über Datenpunkte wie Möglichkeiten oder Vorlieben der Gäste verfügen. (Informationen)

Man muss der Person vertrauen können, dass sie das Interesse des Auftraggebers bei Entscheidungen im Kopf hat. Daher muss die Person sich den Prioritäten verpflichten und die Vision und Ziele teilen (der beste Tag im Leben der Eheleute, erinnerungswürdige Erfahrung für die Gäste). (Intention)

Wie im Beispiel veranschaulicht, hat Empowerment bestimmte Voraussetzungen, um wünschenswerte Ergebnisse zu erzielen. Oft werden diese Bedingungen unterschätzt. Dies führt zwangsläufig zum Scheitern und zu der
schmerzhaften Erfahrung, wie wichtig die richtigen Voraussetzungen sind.

Achtung Falle: die Ich-vertrau-dir-schon- und die Lass-es-uns-ein-fach-versuchen-Fallen

Es gibt drei typische Situationen, in denen die Sicherstellung der Bedingungen für Empowerment oft vernachlässigt wird. Erstens: eine sehr ver-
trauensfreudige Führungskraft mit einem optimistischen Team. Zweitens:
eine Führungskraft, die aus verschiedenen Gründen (Arbeitsüberlastung
oder mangelnde Kompetenz) die Verantwortung zu gerne los wird. Drittens: abenteuerlustige Bosse und Teams, die nicht abwarten können, in
Richtung der neuen Arbeit zu gehen, und alles als Experiment betrachten.
Ein Vernachlässigen der CII-Bedingungen erhöht immer das Risiko einer
negativen Erfahrung.

Fehler machen ist nicht an sich negativ. Aus Fehlern lernen wir am besten.
Scheitern hat jedoch auch negative Folgen. Bei einer unvorbereiteten Ein-
führung von Empowerment wird wenig an Bedingungen gedacht. Wenn das
Vorhaben dann scheitert, ist nicht automatisch klar, dass der Grund in un-
zureichender Vorbereitung liegt. Oft resultieren in erster Linie Zweifel und
Enttäuschung, die den Kulturwandel behindern.

Die nachfolgende Checkliste soll helfen, vermeidbares Scheitern durch gute
Vorbereitung zu verhindern.

Checkliste für die CII-Vorbedingungen für Empowerment

Kompetenz:

❏ Wissen wir, welche Fertigkeiten, welches Wissen und welche Tools gebraucht werden oder hilfreich sind, um unabhängig und autonom agieren zu können?

❏ Stehen notwendige Kompetenz und Werkzeuge zur Verfügung? Haben wir die notwendige Erfahrung?

Wenn nicht:

❏ Wissen wir, wen wir involvieren oder fragen können, wenn nötig?

❏ Ist es kristallklar, wofür wir autorisiert sind? Was der Handlungsspielraum ist und wie weit er geht?

❏ Ist jeder über unsere Rolle und Entscheidungskompetenz informiert? Werden Stakeholder uns als Entscheidungsträger respektieren?

Information:

❏ Sehen wir das große Ganze?

❏ Wie ordnet sich die Aufgabe in die Vision und Strategie ein?

❏ Welche Implikationen hat der Auftrag?

❏ Welche Bereiche in oder außerhalb der Organisation sind davon betroffen?

❏ Welche Risiken sind involviert?

❏ Wer ist betroffen oder hat ein Interesse an der Sache? (Kennen wir alle Stakeholder?)

Ist das Ziel klar?

❏ Wie sieht ein schlechtes Ergebnis aus?

❏ Wie sieht das bestmögliche Ergebnis aus?

❏ Wie ist die Ergebnisdefinition?

❏ Woran merken wir, ob und wann wir erfolgreich sind?

❏ Wenn wir Erfolg haben, was wird als Konsequenz in der Organisation/für den Kunden anders sein?

❏ Wissen wir, welche Aspekte optional und welche unabdingbar sind und welche Aspekte Priorität haben?

Checkliste für die CII-Vorbedingungen für Empowerment

Intention:

☐ Stehen wir hinter der Aufgabe? Sind wir überzeugt von der Notwendigkeit oder dem Nutzen der Aufgabe? Oder können wir zumindest nachvollziehen, warum andere einen Mehrwert darin sehen?

☐ Kennen wir die Motivation hinter der Idee und den Grund für die Aufgabe?

☐ Haben wir die gleichen Prioritäten oder können sie zumindest nachvollziehen und akzeptieren?

☐ Heißen wir das Ergebnis und dessen Auswirkung gut oder können wir sie zumindest akzeptieren?

☐ Wie profitieren wir von der Erfüllung der Aufgabe?

6.4 Praktische Hacks zu mehr Befähigung

Befähigung für jede(n) Einzelne(n)

Checkliste

Denke an deine Aufgabenbereiche und Verantwortlichkeiten: Fühlst du dich für die Ergebnisse verantwortlich? Unterliegen sie deiner Kontrolle? Wenn nicht, was kannst du tun?

❑ Wenn dir die Aufgabe nicht zusagt, suche nach Möglichkeiten, sie angenehmer oder interessanter zu gestalten – kann das gleiche Ziel anders erreicht werden? –, wenn dies nicht möglich ist, suche nach Optionen, die Aufgabe abzugeben;

❑ wenn das Ergebnis nicht in deiner Kontrolle ist, prüfe, ob du sie ausbauen kannst; wenn nicht, definiere das (Teil-)Ergebnis der Aufgabe, das rein von deiner Leistung abhängt – für dieses übernehme die volle Verantwortung;

❑ Empowerment funktioniert nur dann richtig, wenn du dich den gegebenen Zielen verpflichten kannst – bevor du Verantwortung übernimmst, stelle sicher, dass du hinter dem Ziel stehst;

❑ wenn es sich als schwierig erweist, Empowerment von der Führungskraft zu erlangen, frage nach, was passieren müsste, damit du die entsprechende Verantwortung zugewiesen bekommst.

Oftmals gibt es viele Möglichkeiten, andere zu mehr Empowerment zu bewegen. Teste sie aus:

❑ Biete Transparenz und regelmäßige proaktive Updates, die anderen ermöglichen, falls notwendig einzugreifen; dies macht das Empowern leichter;

❑ wenn dir Verantwortung für einen Bereich nicht zugetraut wird oder oder du bestimmte Prozesse oder Regelungen nicht in vollem Maße überschaust und beeinflussen kannst, blicke lieber auf kleinere Teilbereiche und fordere hier vollständiges Empowerment;

❑ biete von dir aus an, bei Entscheidungen Experten zu involvieren oder dir einen Mentor zu suchen.

❑ Wenn du (noch) nicht befähigt bist, verpasse nicht die Möglichkeit, Entscheidungen zu beeinflussen; wenn zum Beispiel eine Genehmigung oder eine Entscheidung von jemand anderem benötigt wird, bereite die Entscheidung mit Vorschlägen vor (Lobby für eigene Ideen) und experimentiere mit der Idee, um den Nutzen direkt beweisen zu können;

❑ sammle Beispiele für Situationen, in denen du anders gehandelt hättest, aber nicht dazu befugt warst; das Demonstrieren der möglichen Vorteile, die Empowerment gehabt hätte, ist ein gutes Argument für mehr Empowerment.

Empowere andere:

❑ Wem kannst du mehr Verantwortung überlassen? Arbeitet dir vielleicht jemand zu, an den du eine ganzheitlichere Aufgabe delegieren kannst (End-to-End) oder bei dem du darauf verzichten kannst, das Wie der Ausführung vorzugeben?

❑ Wo kannst du mehr vertrauen und Kontrolle oder Mikromanagement reduzieren? (Dies gilt auch für Kollegen.)

❑ Wenn zögerlich auf dein Angebot von mehr Empowerment reagiert wird, finde heraus, was helfen würde.

Zögern geht oft zurück auf:

❑ Dem Angebot wird nicht richtig vertraut oder es besteht Unsicherheit zum Umfang (grenze genau den Bereich ab, um den es geht, führe aus, wofür genau autorisiert wird und wo die Grenzen sind);

❑ Motivationsmangel (frage, was motivieren würde);

❑ Angst vor negativen Konsequenzen bei Fehlern/Scheitern (stelle klar, dass Fehler nicht bestraft, aber reflektiert werden);

❑ (wahrgenommenen) Mangel an Kompetenz (stelle sicher, dass die Person die notwendigen Fähigkeiten und das notwendige Wissen hat oder Zugang dazu; stelle sicher, dass die Person die notwendige Autorität zugewiesen bekommt und andere diese akzeptieren).

❑ Wenn dir Regeln oder Prozesse begegnen, die die Eigenständigkeit anderer unnötig einschränken, spreche es an und liefere alternative Lösungen.

Hacks

❑ Transparenz und die direkte Sicht auf den Kunden/Stakeholder, inklusive früher und regelmäßiger Feedbackschleifen ermöglichen zielgerechte Selbststeuerung;

❑ hinterfrage die aktuellen Grenzen deines Handlungsspielraums offen und zeige auf, wo du mit mehr Empowerment effektiver und nutzbringender arbeiten könntest.

Checkliste

❑ Wo immer möglich, erlaube Teams Selbststeuerung; das Treffen von Entscheidungen in Bereichen neben den Fragen der Arbeitsorganisation oder Methode;

❑ stelle sicher, dass alle Mitarbeitenden den Sinnzweck ihrer Arbeit kennen und wissen, wie diese zu den übergeordneten Zielen beiträgt;

❑ stelle sicher, dass alle Ergebnisse und Wirkung der eigenen Arbeit beobachten und verfolgen können;

❑ wenn die Notwendigkeit von Kontrolle oder Mikromanagement aufkommt, erhöhe den Aufwand, mit einer klaren Vision zu führen, Orientierung zu geben und Ziele zu klären; investiere in den Dialog, um Einigkeit und Commitment zu erzielen, und beachte: Kontext statt Kontrolle;

❑ prüfe bei jeder Entscheidung, die getroffen werden muss, ob sie auch von der Ebene darunter getroffen werden kann; wenn nicht, unter welchen Umständen wäre es möglich? Schaffe diese;

❑ prüfe bei jeder Genehmigungsanforderung ob a) die Genehmigungsschleife wirklich notwendig ist, b) ob die Genehmigung auf niedrigerer Ebene erteilt werden kann, c) ob Vorabgenehmigung eine Option ist;

❑ Macht sollte auf der am niedrigsten möglichen Ebene liegen; im Team gilt es zu erörtern, wann andere involviert werden müssen oder sogar eine Abstimmung oder Konsens erforderlich ist und wann die Einzelnen voll bemächtigt sind.

Hacks

❑ Führungskräfte verzichten für eine festgelegte Dauer (zum Beispiel eine Woche) auf das Treffen von Entscheidungen, indem Entscheidungen zurück an die Person/das Team delegiert werden;

❑ Wenn jemand mit einer Verbesserungsidee/Problemlösungsidee kommt, stelle ein Budget und Zeit zur Verfügung, um die Lösung eigenständig umzusetzen – so entsteht eine Kultur, die nach Lösungen und Verbesserungen strebt.

Agile Methoden/Tools

❑ Delegation Poker,

❑ Selbstorganisation,

❑ klare Definition des gewünschten Ergebnisses (Definition of Done),

❑ die Arbeit in Sprints mit Demos und Teillieferungen, um Selbststeuerung durch Feedback zu ermöglichen (iteratives und inkrementelles Vorgehen).

6.5 Ownership (Ownership mit Tendenz zum Handeln)

Das Einführen von Ownership dient der Verankerung einer Lösungsorientierung. Mitarbeitende entwickeln ihre eigene Mission, ein eigenes Ziel – oder machen es sich zu eigen – und verpflichten sich einem positiven Resultat. Ownership beinhaltet alleinige End-to-End-Verantwortung für ein Vorhaben und wird immer von maximalen Freiheitsgraden sowie ausreichender Befähigung für das jeweilige Vorhaben begleitet. Erfolg wird so autonom und zielorientiert aus verschiedenen Zellen unabhängig vorangetrieben. Passives In-Kauf-Nehmen von Scheitern und die Nicht-mein-Job-Einstellung gehören der Vergangenheit an.

Menschen in die Lage zu versetzen, selbstverantwortlich zu handeln, und Mitarbeitende zu haben, die die Verantwortung übernehmen, kann ein echter Katalysator für Unternehmergeist und das Erreichen von Ergebnissen sein. Hat ein Unternehmen eine starke Vision und weiß, was es erreichen will, kann die Frage, wie es dorthin kommt, an unabhängig agierende Teams oder Einheiten delegiert werden. Diese übernehmen idealerweise End-to-End-Verantwortung. Die Möglichkeit zu autonomem Handeln und zu tun, was getan werden muss, ermöglicht dem Unternehmen, schnell zu reagieren und sich anzupassen, und zwar dort, wo das Problem auftritt und die Chancen liegen – in der Peripherie.

Beispiel: Anpassungsfähigkeit und Schnelligkeit durch Ownership @Zalando
Zalando verschrieb sich dem, was das Unternehmen radikale Agilität (inspiriert von Dan Pink) nennt. Ein Konzept, das Sinnzweck, Autonomie und Meisterschaft nutzt, um Teams zu organisieren und zu motivieren. Dies wurde zum Leitsatz, mit dem Zalando Talente anwirbt und bindet. Bowman, VP Engineering, analysiert, dass es hier vor allem um Parallelität geht. Verschiedene Teile des Unternehmens können Entscheidungen treffen und Ergebnisse liefern, unabhängig von anderen Teams und ohne großen zentralen Anpassungsbedarf.

Ownership ist managementfreundlich, da es Führungskräften ermöglicht, mehr zu erreichen, indem unabhängig agierende Einheiten ihre Mission eigenständig umsetzen und vorantreiben. Ein französischer Sportartikelhersteller liefert ein Beispiel.

Beispiel: Expandieren via Ownership @französischer Sportartikelhersteller, zum Start-up werden @Cisco

Ziel des französischen Sportartikelherstellers war es, international zu wachsen. Das Management lud seine sechzigtausend Mitarbeitenden zur Identifizierung neuer Länder ein, in denen ein Markt erschlossen werden kann. Budget wurde bereitgestellt und Ownership gewährleistet. Als Resultat wird das Unternehmen innerhalb der nächsten vier Jahre in mehr neue Länder expandieren als in den letzten vierzig Jahren (Klovert 2019).

Ein extremes Beispiel von Ownership demonstriert auch Cisco, ein Unternehmen, das seit über dreißig Jahren erfolgreich innoviert. Wenn ein Team bei Cisco eine vielversprechende Idee hat, darf es seine Idee in einer vom Unternehmen abgekoppelten Einheit eigenständig entwickeln, von Cisco finanziert. Sobald der Produktentwicklungsprozess in einer bestimmten Phase ist, holt Cisco das Team und dessen Arbeit zurück ins Unternehmen.

Eigentümerschaft bedeutet, sich etwas zu eigen zu machen

Eine weitere einzigartige Eigenschaft von Ownership liegt in dessen Bedeutung: Ownership zu übernehmen bedeutet, sich etwas zu eigen zu machen, etwas zu seinem zu machen und sich damit persönlich zu verpflichten. Eigentümerschaft kann verschiedene Freiheitsgrade haben, bedeutet aber immer die volle Ermächtigung innerhalb des jeweiligen Bereichs.

Ownership hebt das Engagement der Mitarbeitenden auf die nächste Stufe, indem es dazu inspiriert, ein eigenes Ziel zu setzen – das Commitment gilt nicht dem Job, es gilt dem Erfolg. Mitarbeitende werden kreativ, um das Ziel zu erreichen, und setzen ihre Kraft flexibel zugunsten des Fortschritts ein, unabhängig davon, ob eine Aufgabe ursprünglich als Teil ihres Jobs angesehen wurde. Ownership ist der Königsweg, um Unternehmergeist zu fördern und zu belohnen. Und letztlich kann Ownership die Erfolgsaussichten einer Initiative merklich erhöhen, wie bei Continental zu beobachten ist.

Beispiel: Ownership als Belohnung für unternehmerisches Denken @Continental

CHRO von Continental, Dr. Ariane Reinhart, sagt, dass wer immer versuchen, die Verantwortung für eine Initiative bei deren Initiatoren zu lassen (Hornung 2019). Dies sei nicht nur Belohnung für die jeweiligen Mitarbeitenden, es werde auch als Voraussetzung für den Erfolg der Initiative erlebt. So ließe sich auch erklären, warum erworbene Start-ups, die ihren Gründer an Bord halten, erfolgreicher sind.

Umfang und Zweck von Ownership wird in der Regel vom Management definiert. Die Übertragung von Ownership ist daher ein managementfreundlicher Ansatz. Dabei reicht eine klare Vision, ohne genaue Zieldefinitionen – auch im Beispiel der Expansion in weitere Länder wurden weder Umfang noch Präferenzen bestimmt.

Die Mitarbeitenden, die entsprechend Initiative ergreifen, verpflichten sich der Vision, aber definieren ihre eigenen Ziele, über die sie zur Verwirklichung beitragen wollen. End-to-End-Verantwortung ist dabei wichtig.

Für das Konzept Ownership ist es kritisch, dass Mitarbeitende sich eine Aufgabe auch tatsächlich zu eigen machen und die Verantwortung bewusst übernehmen. Dies ist kein passives Akzeptieren einer delegierten Aufgabe, es ist ein aktives Übernehmen der Verantwortung für die Erreichung eines Ziels.

Bedingungen für Ownership

Wie auch Empowerment setzt erfolgreiches Ownership voraus, dass bestimmte Bedingungen erfüllt sind. Die Grundlage ist im CII-Modell für Empowerment beschrieben. Damit Ownership gelingt, müssen zwei weitere Aspekte berücksichtigt werden, die unten aufgelistet und erläutert werden. Einer ist Vertrauen. Genauer: erstens auf sich selbst zu vertrauen, zweitens dem Ownership-Konzept zu vertrauen, drittens der Vision/der Idee zu vertrauen und viertens dem Management/der Firma zu vertrauen. Der zweite Aspekt betrifft das Verantwortlichkeitsgefühl. Hierzu hat man die Idee, um deren Umsetzung es geht, entweder selbst, oder man adoptiert sie.

Die beste Voraussetzung für die Förderung von Ownership ist es, wenn Mitarbeitende selbst eine Idee für eine Initiative, ein Projekt, einen neuen Prozess, eine neue Dienstleistung oder ein neues Produkt oder eine Änderung entwickelt haben. Alternativ kann Ownership bei Mitarbeitenden liegen, die die Idee früh adoptierten, diese von Beginn an selbstständig weiter ausarbeiteten, weiterdachten oder vorantrieben und so bereits darin investiert haben. In letzterem Fall spricht man von psychologischem Investment.

Psychologisches Investment hilft dabei, Ownership zu entwickeln

Warum ist es wichtig zu investieren? Es gibt uns das Gefühl, Teil einer Lösung oder eines Projekts zu sein und dass das Projekt ein Teil von uns ist. Vor allem dann, wenn unser Beitrag einen sichtbaren Einfluss auf die ursprüngliche Idee hatte. Der andere Grund liegt in unserer Zögerlichkeit, sich einzugestehen, dass man auf das falsche Pferd gesetzt oder sich geirrt hat. Psychologen sprechen von kognitiver Dissonanz. Wir wollen uns nicht vom Gegenteil überzeugen und – noch schlimmer – zugeben, dass wir umsonst Energie investiert haben.

Hat jemand eine Idee oder sich entschieden, eine Idee zu unterstützen oder gar zu realisieren, wird er das Ziel mit mehr Ausdauer verfolgen. Erste Rückschläge und Misserfolge werden weggesteckt und als vorübergehend oder als Hürden betrachtet, die überwunden werden können. Menschen, die dagegen keine Verbindung zu der Idee haben oder sogar dagegen waren, werden sich wahrscheinlich auch nicht allzu sehr bemühen, diese zum Erfolg zu machen und sich somit selbst zu beweisen, dass sie falsch gelegen haben. Erste Rückschläge oder Hürden werden in diesem Fall als willkommene Bestätigung (»Ich wusste es!«; »Das ist, was ich dir gesagt habe!«) wahrgenommen und als Argument gegen die Weiterführung des Projekts/ gegen die Idee genutzt.

Die Initiative führt der Initiator oder wird vom Eigentümer adoptiert
Ownership wird oft am besten demjenigen gegeben, der die Idee entwickelt und vorangetrieben hat. Eigenverantwortung stellt sich leicht ein und wird als Belohnung für das Entwickeln der Initiative angesehen.
In Fällen, in denen dies nicht möglich ist, ist es ratsam, den/die vorgesehene(n) Leiter(in) der Initiative so früh wie möglich einzubeziehen und maximalen Einfluss auf die Gestaltung der Initiative zu ermöglichen, um psychologisches Investment zu erzeugen. Im Idealfall hat die Person selbst bereits Interesse und Unterstützung für die Idee gezeigt und ist ihr verpflichtet.

Das Ownership-Konzept funktioniert auch für die Arbeiterschaft

Es gibt immer noch eine gewisse Hemmschwelle in Unternehmen, Konzepte wie Vertrauen oder Freiheit oder Ownership jenseits der White-Collar-Bereiche einzuführen. Häufig zu Unrecht. Es gibt viele Beispiele im Arbeitsbereich, beispielsweise in der Fabrikhalle, die in erheblichen Leistungs- und Agilitätssteigerungen resultierten.

Beispiel: Ownership in der Fabrikhalle @Siemens Gas und Power

Seit einigen Jahren erlebt Siemens, wie sich Agilität und vor allem das Konzept der selbststeuernden Teams in den Werkstätten ausbreiten und die Fertigung verändern. Dr. Harms, ehemaliger Projektleiter Fabrikplanung bei Siemens, beschreibt dies am Beispiel des Projektes, Brenner wieder selbst herzustellen (Lorenz 2018). Ein Projekt mit einer Investition von zwölf Millionen Euro, das zu Beginn als klassisches Projekt aufgesetzt wurde. Fortschritt wurde nur langsam erzielt und Mitarbeitende waren skeptisch.

Siemens beschloss, den Spieß umzudrehen. Anstatt Mitarbeitende zu drängen und den Projektplan durchzuboxen, wurden die Mitarbeiter verantwortlich gemacht, End-to-End. Sie erhielten Ownership über den Bau und die Inbetriebnahme der Fertigung. Die Produktion wurde in kleinere Einheiten aufgeteilt, jedes Team war für den Bau eines der Teile verantwortlich. Die Teams umfassten maximal dreißig Mitarbeitende und waren interdisziplinär zusammengestellt, mit Personen aus den Bereichen Fertigung, Planung, Qualität und Technik. Die Teams konnten andere Kollegen zur Unterstützung hinzuziehen, was zur Beteiligung von über hundert Mitarbeitenden führte. Die Organisation in autonomen Teams brachte die Führungskräfte in eine andere Rolle. Sie fungierten als Coaches und Berater für die Teams. Das Projekt war ein Erfolg und reduzierte die Produktionskosten um fünfzig Prozent (gegenüber den ursprünglich erwarteten dreißig Prozent).

Hervorzuheben sind bei diesem Beispiel zwei Aspekte. Ein Punkt ist: Die Erwartungen (des Managements) wurden übertroffen. Ein durchaus häufiger Effekt. Über Ownership wird das Potenzial von Teams genutzt. Mitarbeitende haben oft mehr Kompetenzen als angenommen, die sie aber nicht immer freiwillig für ein Projekt einsetzen, das sie nicht unterstützen. Auch liegt in der Regel beachtliches implizites Erfahrungswissen vor. Durch frühen Einbezug auf Augenhöhe entsteht ein kreativer Modus, in dem Mitdenken implizites Wissen aktiviert.

Der zweite Punkt ist Vertrauen. Harms beschreibt als Anfangsschwierigkeit, dass es lange dauerte, bis die Mitarbeitenden bereit waren, Verantwortung zu übernehmen. Das Zögern erklärte sich durch einen Mangel an Vertrauen. Mitarbeitenden fiel es schwer zu glauben, dass sie wirklich befugt waren, Entscheidungen ohne zumindest die Genehmigung des Managements zu treffen, wie zum Beispiel den Kauf teurer Maschinen.

Ownership akzeptieren braucht Vertrauen und Zeit

Es ist ein wichtiges Thema für Führungskräfte, zu lernen, den Mitarbeitenden zu vertrauen. Wenn man über Ownership spricht, dreht sich die Perspektive. Um Verantwortung zu übernehmen, müssen Mitarbeitende darauf vertrauen können, dass sie wirklich eigenverantwortlich und autonom entscheiden und handeln können. Dazu gehört auch das Vertrauen, dass bei eigenständigem Handeln keine negativen Folgen zu erwarten sind.

Führungskräfte werden zu Mentoren und Coaches

Wenn Mitarbeitende Verantwortung übernehmen dürfen/sollen, ziehen sie es vielleicht vor, dies Schritt für Schritt zu tun, indem sie zunächst oder sogar durchweg von jemandem – oft ehemaligen Führungskräften – begleitet werden, der berät, betreut und coacht. Zunächst können Entscheidungen gemeinsam getroffen werden, oder es werden Ratschläge vom Mentor eingeholt. Es ist auch Aufgabe der Führung, ihre Verpflichtung zu dem Ownership-Konzept zu verstärken und den Umfang der Ermächtigung sicherzustellen.

Die folgende Box zeigt eine Übersicht der Facetten des Vertrauens, wenn es um Ownership geht. Es ist wichtig, alle vier Aspekte zu betrachten. Fehlt einer, kann dies bereits erfolgreiches Ownership verhindern.

Die Handlungstendenz – im Zweifel machen!

Die Tendenz zum Handeln beschreibt den Hang dazu, aktiv zu werden, etwas zu tun, ein Problem anzugehen. Das Positionieren von Handlung über Planung und von Versuch über Analyse.

Normalerweise kann jeder Probleme oder Gründe nennen, warum etwas nicht funktioniert. Es ist auch leicht, in der Diskussion über Vor- und Nachteile von Handlungsoptionen hängen zu bleiben oder sich lange mit der Ausarbeitung eines Plans aufzuhalten. Etwas zu tun fällt vielen dagegen schwer, weshalb die Tendenz zum Handeln in Personen so wertvoll ist.

Um Handlungsorientierung möglichst zielgerichtet umzusetzen, hilft das Denken in Möglichkeiten. Wie könnte es funktionieren? Wie könnte eine Lösung aussehen und wie könnte sie realisiert werden? So wird Handlungsorientierung lösungsorientiert. Diese Merkmale variieren naturgemäß zwischen den Menschen, jedoch können Verhaltensweisen, die Handlungs- und Lösungsorientierung bei uns selbst und anderen Menschen unterstützen, erlernt werden.

Lösungsorientierung demonstrieren

- Lösungsorientierung geht oft mit Optimismus und positivem Denken einher: ein Fokus auf Chancen und Möglichkeiten und bereits vorhandene Ansatzpunkte;
- es wird in Möglichkeiten und positiven Zukunftsszenarien gesprochen, mit dem Fokus darauf, was (trotz Risiken, geringen Erfolgschancen oder unerwünschten Nebeneffekten) getan werden kann;
- es wird die Überzeugung gelebt, dass es für jedes Problem eine Lösung gibt und entsprechend ausdauernd und gründlich wird nach Lösungen gesucht.

Im Detail:

- Lösungs- und handlungsorientierte Führungskräfte machen Fortschritt zur höchsten Priorität – wie dieser erzielt wird, wo und von wem, ist dabei weniger wichtig, auch Hierarchie spielt dabei keine Rolle;
- lösungs- und handlungsorientierte Teams agieren aufgaben- und zielorientiert und stellen sich flexibel auf; Rollen- und Beziehungsthemen sowie Prozessangelegenheiten rücken in den Hintergrund;
- lösungs- und handlungsorientierte Personen zeigen sich flexibel im Einnehmen verschiedener Rollen und Übernehmen verschiedener Aufgaben; sie sind kreativ bei der Findung von Lösungen und Wegen, Dinge erledigt zu kriegen.

Die Handlungstendenz übersetzt sich in drei Prioritäten:
- Machen über Planen,
- Schnelligkeit über Perfektion,
- Eingehen von Risiken über Vorsicht.

Basis für die Umsetzung von Handlungstendenz ist Freiheit, Handlungs-freiheit. Basis für eine erfolgsbehaftete Tendenz zum Handeln ist Trans-parenz. Dies ermöglicht fundierte Entscheidungsfindung und das Anpassen von Prioritäten entsprechend den sich ändernden Marktbedingungen und Kundenbedürfnissen. Transparenz bei der Arbeit fördert das frühe Erstel-len von Prototypen und frühe Sammeln von Feedback. Transparenz liefert Frühwarnsysteme, die eine schnelle Reaktion und Anpassung ermöglichen. Mut nimmt zu, da Versuch, Irrtum und Korrektur eine Option sind.

Eine Handlungstendenz führt übrigens nicht automatisch zu überstürzten, spontanen und fahrlässigen Entscheidungen. Sie muss nicht mit erhöhten Risiken einhergehen. Wenn wir Unternehmen betrachten, die Ownership als Teil der DNA ihrer Unternehmenskultur zeigen, lernen wir, wie diese Aspekte vermieden werden, ohne das Konzept zu verletzen.

Beispiel: Eine sichere Tendenz zum Handeln @Spotify

Unter dem Motto »Don't ask, do!« treffen Teams bei Spotify selbstständig Entscheidungen und übernehmen Verantwortung für das Endergebnis. Statt Top-down-Kontrolle einzusetzen, dient der iterative Ansatz, der eine regelmä-ßige, eingebettete Kontrolle durch Feedbackschleifen ermöglicht, zur Selbst-kontrolle. Hierzu gehört Feedback von Kollegen und Experten, aber auch vom Markt/Kunden. Ideen werden schnell umgesetzt und deren Wirkung dann ständig überwacht, um direkt Korrekturen vornehmen zu können.

Transparenz und Empowerment ermöglichen Selbststeuerung und Selbst-korrektur. Auf diese Weise werden die Risiken einer starken Tendenz zum Handeln (geringe Planungssicherheit, vorläufige, halbausgearbeitete oder fehlerhafte Lösungen) minimiert und Anpassungsfähigkeit erhöht.

Damit wäre die Straße gepflastert. Initiative wird dann durch Ownership noch gefördert.

Wenn Kultur zum Bremsblock wird, indem sie eine Tendenz zum Handeln verhindert

In traditionellen Unternehmen gibt es viele Einflüsse, die Mitarbeitende ausbremsen. Um einige zu nennen: Genehmigungsanforderungen, Strukturen, widersprüchliche Prioritäten oder langsame Prozesse. Einige solcher Hemmnisse sind kulturell. Ein Beispiel teilt Michael Wade, Professor für Innovation und Strategie am IMD und Mitautor des HIF-Digital-Business-Agility-Modells (siehe Transparenz), im Experteninterview mit.

Beispiel: Mangelnde Handlungsneigung als Transformationshemmer @eine Bank

Ein Kunde aus dem Bankensektor geriet mit seiner Initiative zur Steigerung der organisatorischen Agilität ins Stocken. Anhand des HIF-Modells der Digital Business Agility wurde deutlich, dass der größte Mangel in der Dimension Fast Execution lag. Das Unternehmen traf Entscheidungen nur langsam und setzte diese nur langsam um.

Wie beschrieben, ist ein hohes Maß an schneller Ausführung mit Kosten verbunden: mehr Risiko und das Unterordnen von Perfektion unter die schnelle Reaktion auf Kundenbedürfnisse.

Im Bankensektor ist die Risikovermeidung für viele Geschäfte ein Muss. Starke Vorschriften verhindern zudem eine schnelle Reaktion auf den Markt. Diese Umstände hinterließen ihre Spuren in der Kultur der Bank. Minimieren von Unsicherheiten, um Risiken gering zu halten, und Vermeiden von Fehlern um jeden Preis hatten den Vorrang vor Schnelligkeit und Flexibilität erlangt. Risikovermeidung, eine Mache-keinen-Fehler-Haltung und der Fokus auf Perfektion breiteten sich in der Organisation aus und infiltrierten jede neue Initiative – einschließlich Geschäftsentscheidungen, die im niedrigen Risikobereich lagen, und Initiativen in Bereichen, die nicht durch starke Vorschriften bestimmt waren.

Um eine erhöhte organisatorische Flexibilität zu erreichen, musste die Bank schnelle Ausführung zumindest in jenen Geschäftsfeldern mit geringen Risiken und geringen Vorschriften erreichen. Zwei Dinge waren hier wichtig.

Erstens, zu erkennen, dass die Langsamkeit keine natürliche Gegebenheit war, nicht Schuld der Mitarbeitenden war und auch nicht allgemein notwendig ist. Die Identifizierung der Langsamkeit als Automatismus machte die Notwendigkeit für Veränderung sichtbar.

Zweitens, das Bereitstellen einer einfachen Anleitung zur Bewertung jeder Entscheidung oder Initiative auf der Grundlage tatsächlicher Notwendigkeit von Risikovermeidung und direkter Fehlerfreiheit. Durch die Bewertung wurde gezeigt, wie viel Agilität in dem Sektor möglich ist.

Seitdem das Unternehmen neue Erfahrungen machte und sah, wie iterative und inkrementelle Entwicklung funktionieren kann, fand kollektives Lernen statt und die Kultur änderte sich. Die Erfahrung, dass ein iterativer Ansatz maximale Flexibilität und schnelle Reaktionen auf Markt- und Kundenbedürfnisse ermöglicht und gleichzeitig die befürchteten Folgen von Fehlentscheidungen verhindert (da sie unterwegs korrigiert werden können), ist kritisch für die Transformation.

Während einige Aufgabenbereiche noch immer durch eine sehr umsichtige und sorgfältige Taktik gekennzeichnet waren, bestimmte diese nicht mehr die Identität eines Unternehmens, das erfahren hatte, wie ein agilerer Ansatz zu Erfolg und Fortschritt beitragen kann.

Bei dieser Bank wurde die organisatorische Agilität nicht nur durch die Einführung agiler Methoden erhöht. Auch die erlernte Fähigkeit, von hoch agil zu hoch stabil und konservativ zu wechseln, war ein wichtiger Teil der neu gewonnenen organisatorischen Agilität: die Fähigkeit, die gesamte Bandbreite der Ansätze zur Erreichung eines Ziels zu nutzen.

Ownership als Waffe gegen die Nicht-mein-Job-Mentalität

Die Tendenz zum Handeln und das Ownership-Konzept insgesamt wird häufig über einen weiteren Aspekt behindert – die Nicht-mein-Job-Mentalität.

Die Übernahme von Verantwortung ist in der Regel mit dem Ergreifen von Maßnahmen verbunden. Die Nicht-mein-Job-Mentalität ist quasi das Gegenteil von Ownership. Beispiele finden sich zahllos in traditionellen, bürokratischen Organisationen: »Ja, es gab einen Engpass/wir hätten einen Fehler verhindern können/das hätte auch viel einfacher klappen können – aber das zu tun/dafür zu sorgen war nicht unser Job.« Oder: »Ja, das Ergebnis hätte besser sein können, wenn xy. Xy ist allerdings nicht meine Verantwortung.«

Ein gutes Bild von Ownership zeigt sich bei Start-ups in früher Phase, wo der Gründer den Boden fegt und Kundenanrufe entgegennimmt. Für ein Start-up gibt es nur ein Ziel: zu überleben. Und was auch immer das erfordert, ist das, was die Menschen tun, unabhängig von ihrer formalen Rolle.

Ownership bedeutet Führung

Ein letzter Punkt, der das Konzept des Ownership so mächtig, aber auch anspruchsvoll macht, dreht sich darum, Verantwortung zu übernehmen. Es geht um eine wichtige persönliche Bedeutung: Ownership heißt Führung. Sich selbst und andere zu führen.

Wer Ownership übernimmt – sorge für seinen Erfolg

Wer Ownership für eine Initiative, einen Bereich oder irgendetwas anderes erlangt, übernimmt die volle Verantwortung für den Erfolg. Für Erfolg zu sorgen ist daher Recht und Pflicht. Dies erfordert Mut und Entschlossenheit.

- Zu Beginn die CII-Bedingungen sicherstellen,
- die benötigten Ressourcen und nützliche Unterstützung einfordern,
- selbst initiativ werden, Unterstützung zu organisieren,

- sich mit Experten und mit unterstützenden Menschen umgeben,
- einen Mentor oder jemanden, der bereit ist, entlang des Weges zu coachen, finden.

Wer Verantwortung möchte, muss selbst zum Vorbild werden, sich und andere inspirieren, unterstützen und herausfordern. Wenn ein Team zur Selbstführung befähigt ist, muss jedes Teammitglied vortreten und Führungskraft für die anderen werden.

Wie Peter Drucker, Vaterfigur für modernes Management, betont, bedeutet Führung, andere zu fördern und sie über sich selbst hinauswachsen zu lassen.

»Führung ist, den Blick einer Person auf eine höhere Ebene zu heben, die Leistung der Person auf einen höheren Standard zu bringen, die Persönlichkeit der Person über die üblichen Grenzen hinaus zu entwickeln.«

Peter Drucker, Pionier modernen Managements (übersetzt)

Die Führung in agilen Unternehmen wird dynamisch geteilt und verteilt. Unternehmen, die erfolgreich mit autonomen Teams arbeiten, wie W. L. Gore oder PARC (Palo Alto Research Center), ein Forschungs- und Entwicklungsunternehmen mit Sitz in Kalifornien, haben eine einfache Richtlinie: Führen sollte derjenige, der am besten positioniert ist, dies zu tun, unabhängig von Hierarchieebenen oder Titeln.

Ansätze liefert auch das nächste Kapitel über Kollaboration, denn auch die Führung geht letztlich auf eines zurück: Initiierung und Steuerung von Kollaboration.

6.6 Praktische Hacks für Ownership in der Organisation

Ownership für jede(n) Einzelne(n)

Checkliste

☐ Überlege, welche Bereiche innerhalb deiner Verantwortung oder darüber hinaus du gerne zum Erfolg führen würdest und frage nach Ownership;

Tipp: Je präziser und überzeugender für diesen Plan argumentiert wird, desto wahrscheinlicher ist es, Ownership zu bekommen;

☐ lasse dich vom Ownership-Konzept nicht einschüchtern, es muss nicht gleich ein Spin-off sein und auch kein großer Bereich; denk kreativ – was/welches Ergebnis könntest du dir als eigenes Ziel setzen?

Beispiele sind: die Erstellung und Einführung eines neuen Prozesses oder einer internen Supportleistung, der Erfolg eines Produkts, einer Dienstleistung oder eines Projekts, eine Verbesserung, das Onboarding neuer Teammitglieder;

☐ prüfe in Bereichen, in denen dir vertraut wird, in denen du empowered bist zu managen, regulieren, voranzutreiben oder zu kreieren, ob du hier und dort noch eine Nicht-mein-Job-Einstellung an den Tag legst oder hundert Prozent dem Erfolg verpflichtet bist;

☐ hast du eine Idee für etwas, das Mehrwert schafft und könntest du diese realisieren?

Unterstütze andere, Ownership zu erlangen und Erfolg zu haben:

☐ Sei offen, die Ideen anderer zu hören und zu unterstützen und etwas beizutragen;

☐ arbeite mit Personen direkt, ohne den Einbezug ihrer Vorgesetzten zu fordern, respektiere ihre Befugnis.

Hacks

☐ Suche nach einer Aufgabe/einer Mission, die du dir zu eigen machen kannst, wie klein auch immer; beweise, dass du Ownership übernehmen kannst, beweise dich;

☐ biete anderen in der Organisation, insbesondere über dir, Unterstützung an, indem du die End-to-End-Verantwortung für ein Thema übernimmst.

Checkliste

❑ Prüfe, wo und wie Ownership innerhalb der existierenden Strukturen implementiert werden kann;

❑ erwäge Änderungen der Organisationsstruktur oder erlaube Ownership losgelöst von der existierenden Struktur;

❑ öffne Kanäle und Plattformen, über die Mitarbeitende Ideen vorschlagen und Ownership organisieren können, zum Beispiel indem sie die richtigen Leute an Bord holen;

❑ fordere Führungskräfte auf, wo immer möglich End-to-End-Verantwortung zu übertragen;

❑ mache Beispiele für Ownership sichtbar;

❑ stelle Information und Unterstützung bereit, um andere zu Ownership zu motivieren (zum Beispiel Infoblätter oder Mentoring Programme).

Hacks

❑ Führe ein Pilot-Ownership-Projekt durch, sorge für dessen Erfolg und Sichtbarkeit, weitere Möglichkeiten werden sich dann ergeben.

❑ Disruptiere dich selbst: Ein guter Weg, Ownership anzuregen, sind Workshops oder Wettbewerbe, bei denen Personen Ansätze erarbeiten, die das eigene Geschäft disruptieren könnten; dies hilft, um Schwachpunkte zu identifizieren und neue Ideen zu entwickeln.

7.
Kollaboration

Nach Transparenz und Empowerment ist Zusammenarbeit (Kollaboration) die noch fehlende Zutat, um eine Dynamik unternehmensweiter Agilität zu schaffen. Nur wenn Menschen bedingungslos und grenzenlos zusammenarbeiten, ist ein Organisationsgefüge wie ein Unternehmen in der Lage, sein kollektives menschliches Potenzial in vollem Umfang zu nutzen und sich zu einem flexiblen und anpassungsfähigen Organismus hinzuentwickeln.

Die Vernetzung von Menschen in losen Netzwerken – anstelle oder neben formalen Strukturen – ermöglicht die Nutzung von Synergien. Im vernetzten Denken und dem vernetzten Austausch von Wissen wird heute unbestritten eine Quelle für Innovation und eine Erfolg versprechende Strategie gesehen, um auf sich ändernde Marktbedingungen schneller reagieren zu können.

Schließlich erlaubt ein kollaboratives System, Kraft zu bündeln, um schnell und kraftvoll handeln zu können.

Zusammenarbeit ist auch die Grundlage für eine Lernkultur, da Reflexion und Lernen durch die Integration verschiedener Perspektiven und die systemische Betrachtung von Themen erfolgen. Fortschritt geschieht durch Zusammenarbeit, die auf das kollektive Lernen ausgerichtet ist.

Drei Aspekte werden durch Kollaboration in agilen Kulturen abgedeckt: Ein Aspekt ist Dialog, Austausch und Vernetzung. Der andere Aspekt ist der Akt der Zusammenarbeit, des Zusammenwirkens oder des Beitrags zur Arbeit des anderen. Der dritte Aspekt besteht darin, Hemmnisse für Kollaboration zu beseitigen, damit Netzwerke organisch wachsen können, um Mehrwert zu schaffen und Geschäftsergebnisse zu unterstützen. Hauptbarrieren sind Silos und Hierarchien. Kollaboration muss verschiedene Disziplinen, Einheiten, Standorte, Länder und Hierarchiestufen übergreifen und auf Augenhöhe stattfinden.

Der Nutzen von Kollaboration für die Organisation

Direkter Nutzen:
- Hyperbewusstsein wird gefördert, wenn Mitarbeitende innerhalb und außerhalb der Organisation gut vernetzt sind und sich über Entwicklungen und Trends austauschen;
- die Qualität von Entscheidungen kann erhöht werden, wenn mehrere Personen Information und ihre Perspektive beitragen;
- Wissen, Intelligenz und Erfahrung, die in der Firma existieren können kombiniert und für jedes Projekt nutzbar gemacht werden (Knowledge);
- vernetzte Leute können vernetzte Lösungen entwickeln;
- der beste Einsatz der Fähigkeiten und Talente von Personen resultiert, wenn sie dort beitragen können, wo sie den größten Mehrwert stiften – unabhängig von Team- oder Einheitszugehörigkeit;
- die Organisation kann schneller auf Veränderungen und Bedrohungen reagieren, indem Mitarbeitende befähigt sind, sich in flexiblen Netzwerken selbst zu organisieren und sich zusammenzutun, um Probleme anzugehen;
- Silodenken und persönliche Agenden von machthabenden Personen werden entkräftet;
- Synergien können aufgetan werden;
- neue und kreative Ideen entstehen über das Zusammenbringen unterschiedlicher Disziplinen, Perspektiven und diverser Hintergründe.

Indirekter Nutzen:
- Teamgeist breitet sich in der Organisation über einen Ein-Team-Gedanken aus, der Commitment, Motivation und auch die Bindung der Mitarbeitenden an das Unternehmen erhöht;
- die Möglichkeit, sich immer weiter zu vernetzen und von unterschiedlichen Kollegen zu lernen, ist ein Faktor der langfristigen Zufriedenheit am Arbeitsplatz;
- vielseitigere Einsatzbereiche erlauben professionelles und persönliches Wachstum;
- wertschaffende Zeit ist maximiert, da Personen sich auf das Leisten von Beiträgen und die Wertschöpfung für das Gesamtwohl der Organisation konzentrieren;
- Job-/Rollen-/Stellenbeschreibungen sind flexibel; neue Verantwortlichkeiten und Aufgaben können so schnell aufgenommen werden und redundante oder überholte Aufgaben können unkompliziert fallen gelassen werden;
- eine agile Kultur lebt in der und durch die Kollaboration – Kultur wächst durch Kollaboration und die Organisation wird zu einer lernenden Organisation.

Zwei der vier Werte im *Agilen Manifest* befassen sich mit Zusammenarbeit. Der erste ist »Individuen und Interaktionen über Prozesse und Tools«. Wertschöpfung hängt stark von der Interaktion der Menschen ab. Sei es, um Arbeit zu erledigen oder neue Ideen zu entwickeln. Der zweite Wert ist »Zusammenarbeit mit dem Kunden über Vertragsverhandlungen« – eine Reaktion auf Auflösung von Grenzen, nicht nur innerhalb der Organisation, sondern auch zwischen Organisation und externen Schnittstellen, einschließlich Kunden, durch die digitale Transformation. Seit kurzem kann man Millionär werden, wenn man Sicherheitslücken in Apples Software entdeckt. Ko-Kreation und Ko-Entwicklung durch frühzeitige Einbindung des Kunden in Entwicklungen wird zunehmend aktuell.

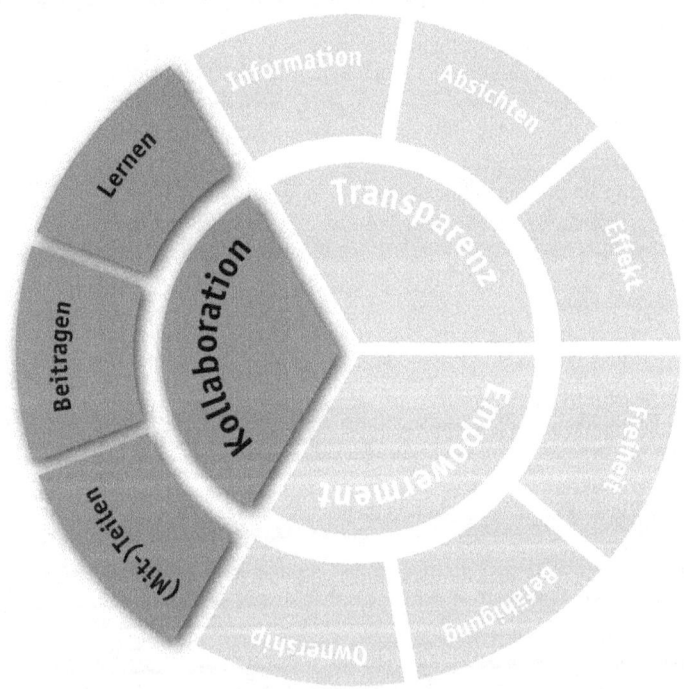

Das Kulturelement Kollaboration besteht aus drei Facetten:
1. (Mit-)Teilen (Zusammenarbeit über Austausch und Teilen),
2. Beitragen (Zusammenarbeit über Beitragen und Flexibilität),
3. Lernen (Zusammenarbeit über gemeinsames Lernen und Wachsen).

7.1 (Mit-)Teilen (Zusammenarbeit über Austausch und Teilen)

Austausch und Teilen von Informationen, Erfahrungen und Gedanken führt dazu, dass sich Personen verbinden und vernetzen. Gleichzeitig wird Information, Wissen und Expertise verfügbar, verbreitet, vernetzt und kombiniert. Dies erhöht die Kompetenz der Organisation als Ganzes und begünstigt bessere Entscheidungen, das Entstehen neuer Ideen, Verbesserungen und Innovationen. Der Austausch darüber, an was gearbeitet wird, ermöglicht vielfältige und selbstinitiierte Kollaboration sowie das Finden von möglichen Synergieeffekten.

»Neurons that fire together, wire together.« – Neuronen, die zusammen feuern, verkabeln sich.

Donald Hebb, Neuropsychologe, 1949 (original und übersetzt)

Damit ein Mensch fühlen, denken und agieren kann, kommunizieren ungefähr sechsundachtzig Milliarden Neuronen miteinander. Für eine einzige beabsichtigte Handlung kommunizieren tausende Zellen innerhalb Millisekunden. Betrachtet man die Organisation als Organismus, sind die Menschen die Neuronen. Sobald zwei Neuronen miteinander kommunizieren, bilden sie eine Verbindung, die zukünftige Kommunikation erleichtert. Dabei sind neuronale Verbindungen im Gehirn nicht fest verdrahtet – neue Verbindungen werden ständig geknüpft, alte sterben ab. Man spricht von struktureller Plastizität – ein idealer Zustand für agile Organisationen.

Austausch und Teilen sind Grundlage von Kollaboration. Es sind die einfachsten Schritte, um eine Basis für die Zusammenarbeit zu schaffen, die über die Kommunikation hinauswächst.

Bei Siemens gibt es den Spruch: »Wenn Siemens wüsste, was Siemens weiß.« Bei der Zusammenarbeit durch Austausch geht es um das Nutzen der kollektiven Gehirnleistung einer Organisation.

Um Hyperbewusstsein und informierte Entscheidungsfindung als wesentliche Elemente digitaler Geschäftsagilität zu erreichen, muss jedes Ohr, jedes Auge in der Organisation einbezogen werden. Jede(r) Mitarbeitende ist eine Antenne, um Trends zu erkennen, Informationen zu erfassen und diese gleichzeitig zu versenden. Jede(r) hat eine einzigartige Sichtweise und kann mit seinem/ihrem Input Entscheidungen verbessern oder die Kreativität und Qualität von Ideen und Lösungen steigern.

In jedem Unternehmen gibt es eine unglaubliche Menge an Wissen, Fachwissen und Erfahrung. Können diese Informationen für jeden Anwendungsfall kombiniert und angewendet werden, kann ein neues Leistungsniveau erreicht werden.

Hier ist der Imperativ: Zusammenarbeit durch Austausch und Teilen lässt kollektive Weisheit und Intelligenz wachsen, erhöht die Kompetenz des Unternehmens und ermöglicht Synergieeffekte, neue Ideen und Innovationen. Zu wissen, woran andere arbeiten, und die eigene Arbeit sichtbar zu machen, sind die Schlüssel für das Aufzeigen von Zusammenarbeitsmöglichkeiten.

Transparenz als Basis, Befähiger und Katalysator

Für einen Wandel zur agilen Organisation reicht es nicht, Zusammenarbeit zu einem Teil der täglichen Arbeit zu machen. Es braucht eine Kultur, in der Zusammenarbeit von Mitarbeitenden initiiert wird, auf der Suche nach Synergieeffekten, Verbesserungsmöglichkeiten oder Innovationen.

Um eine solche Kultur zu fördern, ist das Erzählen von Geschichten, das sogenannte Storytelling, eine gute Möglichkeit.

Beispiel: Virtuelles Storytelling @GE
John Rice, Vizepräsident von GE (2017), berät bei der Umsetzung einer Netzwerkkultur: Erzeuge einen Netzwerkeffekt. Hierzu muss der Nutzen silo-übergreifender Zusammenarbeit aufgezeigt werden. GE hat erst kürzlich ein virtuelles Forum eingerichtet, in dem Mitarbeitende Ideen austauschen und Probleme diskutieren können. Bislang sind dreißigtausend Mitarbeitende bei-getreten. Erste Erfolgsgeschichten darüber werden erzählt, wie man Lösungen mithilfe von Austausch mit Teams auf der ganzen Welt gefunden hat.

Sobald der erste Erfolg einer Bottom-up-Kollaborationsinitiative erzielt wird, muss dessen Geschichte erzählt werden. Oft beginnen sie in der Kaffeeküche oder in virtuellen Meetings, in denen der Moderator oder die Moderatorin erst später hinzustieß. Zufälliger Austausch ist eine häufige Ideenquelle.

Ein Unternehmen, das transparent arbeitet, wird die Erfahrung machen, dass allein über Transparenz viel Zusammenarbeit initiiert wird. Mitarbeitende stolpern vielleicht über ein Projekt in einer anderen Abteilung, die ein Problem angeht, das sie bereits gelöst haben, und engagieren sich. Oder jemandem fällt eine Idee zur Verbesserung des Kundenservices ein, wenn er direkteren Zugang zu den Erfahrungen der Mitarbeitenden im Call-center hat. Engpässe werden gesehen und Lösungswege über mehr Kollaboration entdeckt.

Kollaboration durch das Mitteilen der eigenen Arbeit ermöglichen

Um intensivere Zusammenarbeit abseits der Standardprozesse zu ermöglichen, ist es wichtig, mitzuteilen, woran man arbeitet. Wie unter »Transparenz« erwähnt, gibt es innerhalb der agilen Methodik viele Techniken oder Zeremonien, die dieses gegenseitige Sichtbarmachen unterstützen.

Regelmäßige Demonstrationen der Arbeit beispielsweise oder tägliche Stand-up-Meetings, bei denen die Fortschritte geteilt werden. Informationsradiatoren sind ein weiteres Mittel, Transparenz zu fördern.

In virtuell verbundenen Teams, Abteilungen oder Einheiten, die geografisch verteilt sind, lassen sich digitale Informationsstrahler nutzen. Von agilen Projektmanagement-Tools wie Gira bis hin zu einfachen Excel- oder Word-Tabellen auf einem SharePoint ist alles möglich.

Wege zum Fördern des Austausches

Im Allgemeinen ist alles, was Menschen dazu bringt, über ihre Arbeit, ihre Erfahrung oder ihre Ideen zu sprechen, hilfreich.

Ein Ansatz befasst sich mit Bürogestaltung. Attraktive und zentral gelegene Kaffee-Ecken, Open-Office-Designs oder Open-Door-Richtlinien können Austausch fördern.

Ein weiterer Ansatz setzt auf Veranstaltungen zum Netzwerken und Austausch. Dies können Feiern sein, offene Veranstaltungen zu bestimmten Themen oder auch spezielle Interessengruppenveranstaltungen. Einige Unternehmen kombinieren physische mit virtueller Präsenz, um Netzwerkeffekte über geografische Grenzen hinweg zu ermöglichen.

Beispiel: Fördern des Teilens @Zalando

Bei Zalando passiert Teilen unter anderem über Ted-Talk-Formate, in denen Mitarbeitende Projekte oder Initiativen präsentieren und virtuell interagiert werden kann, indem Fragen gestellt oder Kommentare gemacht werden.

Eine gute Möglichkeit, Austausch zu fördern und zu strukturieren, sind offene Projekte oder Initiativen, für die sich Mitarbeitende bereichsübergreifend freiwillig während ihrer Arbeitszeit engagieren können. Auch hier kann der physische und virtuelle Kontakt es Menschen ermöglichen, sich rund um den Globus zu verbinden, gemeinsam an der Lösung spezifischer

Probleme zu arbeiten oder Einblicke in Themen zu gewinnen. Viele Unternehmen nutzen Technologie, zum Beispiel interne soziale Plattformen wie Yammer oder einfach die Kommentarfunktion unter Artikeln, um eine Plattform für den Austausch zu schaffen und Interessengruppen zu nutzen. Das Enterprise Social Network verbreitet sich zunehmend. Eine weitere Idee ist ein Expertenverzeichnis. Mitarbeitende füllen ein Profil aus und können über Stichwortsuche Experten für ein Thema finden.

Technologie als Befähiger

Die Zusammenarbeit auf digitalen Plattformen ermöglicht arbeitsplatz-, standort- und länderübergreifende Zusammenarbeit und kann helfen, Silostrukturen und sogar Hierarchien zu überwinden. Neuere Kollaborationsplattformen organisieren die Kommunikation in digitalen Räumen. Hier kann via Text/Chat, Sprache oder Video kommuniziert werden und es können Dokumente und suchbare Inhalte hochgeladen werden. Anstatt nur in E-Mails stehen Informationen und Austauschmöglichkeiten für alle zur Verfügung. Da die Informationen strukturiert sind, können die Mitarbeitenden gezielt ihre Informationsaufnahme steuern. Kanäle oder Streams zu bestimmten Themen sind ebenfalls möglich.

Das Ermöglichen und Fördern des aktiven Informationsaustausches ist nach einer Studie von Capgemini Consulting die wichtigste Maßnahme für Unternehmen, um ihre Sensorfähigkeiten und ihr Hyperbewusstsein zu erhöhen (Studie von 2017, einundsiebzig befragte Unternehmen).

Plattformansatz zur Förderung von Innovation

Eine Plattform, die Möglichkeiten visualisiert, auf der Projekte initiiert und gezeigt werden, ermöglicht Engagement und Beteiligung der gesamten Organisation. Gleichzeitig gibt eine Plattform dem Management einen Überblick und damit das Gefühl der Kontrolle trotz lockerer Leine. Ein *Harvard-Business-Review*-Artikel (Fischer 2014) kommt zu dem Schluss, dass Unternehmen, die Innovationen gut umsetzen, zwei Merkmale besitzen: erstens Mitarbeitende, die die Freiheit wahrnehmen, innovative Ideen einzubringen und zu verfolgen, und zweitens das Topmanagement, das glaubt, dass es die Kontrolle hat. Eine Innovationsplattform kann wie ein Portfolio verwaltet werden.

Generell gibt es viele Formen, um innovative Ideen in der eigenen Organisation zu fördern, zwei Beispiele geben einen Eindruck.

Beispiel: Crowdsourcing für Ideen @Cisco Systems

Cisco Systems, ein führender Anbieter von Produkten, Systemen und Dienstleistungen für Kommunikations- und Computernetzwerke, nutzt Crowdsourcing, um Ideen von Mitarbeitenden zu sammeln. 2014 startete Cisco eine Innovations-Challenge, um mit allen siebzigtausend Mitarbeitenden Chancen im Zusammenhang mit dem Internet der Dinge (IoT; Internet of Things) zu identifizieren. Mehrere hundert Ideen wurden eingereicht, viele zu betrieblicher Effektivität oder zum Abbau von Silos (Loucks/Macaulay/Noronha/ Wade 2016b).

Beispiel: Hackathons für mitarbeitendengetriebene Innovation @Facebook

Bei Facebook werden Hackathons für mitarbeitendengetriebene Innovation genutzt. Hackathon-Sitzungen dauern von vierundzwanzig Stunden bis zu mehreren Tagen und werden alle paar Monate durchgeführt. In dieser Zeit können Mitarbeitende an ihren Ideen arbeiten. Laut Beobachtungen der Führungskräfte schafft vielleicht nur ein Prozent dieser Ideen Wert, aber oft sind es dann neue wertvolle Features oder ganz neue Apps, die daraus resultieren. Als wichtiger Nebeneffekt zieht Facebook so auch Talente an. Die Chance, selbst Apps zu entwickeln, die dann später sogar direkt für Facebooks großen globalen Kundenstamm lanciert werden (Loucks et al. 2016b), macht das Social-Media-Unternehmen attraktiv für Programmierer und Entwickler.

7.2 Praktische Hacks für Austausch und (Mit-)Teilen

Checkliste

Halte dich auf dem Laufenden – sammle:

- ❏ Stelle regelmäßigen Austausch mit Kollegen sicher, um informiert zu sein über alles, was in und außerhalb der Abteilung passiert;
- ❏ identifiziere alle relevanten Quellen mit Informationen dazu, woran gerade gearbeitet wird und welche Fragen und Überlegungen aktuell sind;
- ❏ besuche oder organisiere themenspezifische Veranstaltungen;
- ❏ nimm teil an oder initiiere agile Zeremonien wie Demos, Reviews und Retrospektiven.

Suche und nutze den Austausch – höre zu:

- ❏ Bittest du andere regelmäßig um Rat?
- ❏ Gehört es zu deinen Gewohnheiten, Input von anderen zu sammeln?
- ❏ Kannst du es zur Routine machen, deine Ideen mit anderen zu diskutieren?

Halte andere auf dem Laufenden – verbreite:

- ❏ Erstelle ein Inventar aller Kontaktpunkte und Auswirkungen deiner Arbeit; ist jeder, der ein Interesse an deiner Arbeit hat oder davon in irgendeiner Form berührt wird, informiert oder hat zumindest Zugang zu Information zu deiner Arbeit?
- ❏ Weiß jeder im Team, woran du arbeitest? Und darüber hinaus?
- ❏ Überlege, wer sonst davon profitieren könnte oder ein Interesse daran haben könnte, mehr zu deiner Arbeit zu erfahren – erarbeite (idealerweise zusammen mit den Personen), was der beste Weg ist, sie informiert zu halten;
- ❏ teilst du deine Erfahrung mit Leuten, die vor ähnlichen Herausforderungen stehen/sich mit ähnlichen Themen befassen?
- ❏ erwäge mehr Transparenz, zum Beispiel über das Teilen deines Kalenders oder den Zugang zu Projektmanagement-Tools, Berichten oder Ergebnisevaluierungen, oder öffne Statusmeetings für andere;
- ❏ ziehe in Betracht, Meinungen, Ideen oder Erfahrungen im Enterprise Social Network zu teilen.

Vergrößere und stärke dein Netzwerk – suche Kontakt:

❑ Nimmst du dir wöchentlich Zeit, um dein Netzwerk zu vergrößern oder in es zu investieren?

❑ Nimmst du an einer Gruppe teil, in der Austausch passiert (analog oder digital)?

❑ Nimmst du an Diskussionen in der Kaffeeküche oder auf Fluren teil?

❑ Nutzt du die Mittagspause für Kontakt mit anderen?

❑ Fördere den Austausch und das Networking für andere – initiiere Kontakt.

❑ Kannst du anderen Hilfe anbieten oder sie aktiv dabei unterstützen, ihr Netzwerk aufzubauen, zum Beispiel, indem du sie jemandem vorstellst?

❑ Bietest du proaktiv Rat und Ideen an, um Leute zusammenzubringen, die von dem Kontakt profitieren können?

❑ Werde ein Informationsagent – die Anlaufstelle für Kollegen, die wissen wollen, was gerade läuft oder wo sie Informationen finden können.

Hacks

Positioniere dich selbst durch das Leben von Transparenz:

❑ Sei transparent mit deiner Arbeit, Erfolgen und Misserfolgen;

❑ sei transparent mit deinen Gedankengängen, Zweifeln, offenen Fragen, Befürchtungen und Hoffnungen;

❑ fördere Transparenz, indem du Information teilst, die du sammelst;

❑ nutze alle Gelegenheiten, andere nicht nur darüber zu informieren, was du tust, sondern auch warum, und lade zur Diskussion ein;

❑ mache dich selbst und dein Wissen sichtbar – fange damit an, über deine Arbeit zu berichten, und melde dein Interesse an, andere zu informieren/in Meetings zu präsentieren;

❑ plane eine Mittagspause pro Woche mit einem Kollegen, mit dem noch keine/ keine enge Verbindung besteht;

❑ nutze dreißig Minuten pro Woche, um einen neuen Kollegen, aus einer anderen Einheit, Funktion, einem anderen Standort oder Land, und dessen Arbeit kennenzulernen;

❑ bringe dich aktiv in das Onboarding neuer Kollegen ein;

❑ organisiere oder nimm teil an mindestens einer themenspezifischen Veranstaltung oder Gruppe;

❑ reserviere einen wöchentlichen Dreißig-Minuten-Block in deiner Agenda, während dem du Informationen, die du während der Woche gesammelt hast, strukturierst und zusammenfasst – mache dies auch anderen zugänglich.

Kollaboration über Austausch und Teilen für das Team/die Einheit/die Organisation

Checkliste

Mache Arbeit sichtbar, ermögliche und fördere Austausch, Netzwerken und Teilen:

- ❑ Wissen andere Teams, woran dieses Team arbeitet? Sind Teams darüber informiert, an welchen Themen andere Teams arbeiten?
- ❑ Gibt es teamübergreifende Briefings oder Austauschtreffen?
- ❑ Mach eine Sektion mit Updates von anderen Teams zu einem Standardbestandteil von Meetings;
- ❑ lade Experten oder Personen aus anderen Einheiten zu Teammeetings ein, um Input zu geben, die eigene Arbeit vorzustellen oder Feedback zu geben;
- ❑ nutze oder kreiere neue Formate, Räume und Veranstaltungen zum Teilen von Information zu laufenden Projekten.

Richte Tools und Plattformen ein, die helfen, Information zu teilen:

- ❑ Wie kann jemand sich schnell und effizient einen Überblick darüber verschaffen, was woanders passiert?
- ❑ Wie kann jemand sich schnell und effizient einen Überblick darüber verschaffen, woran woanders gearbeitet wird?
- ❑ Wie kann jemand effektiv jene Information herausfiltern, die Relevanz hat?

Richte Tools und Plattformen ein, die das Teilen der eigenen Arbeit und den Austausch dazu fördern:

- ❑ Wie kann jemand teilen, woran gerade gearbeitet wird und welche Erfahrungen dabei gemacht werden?
- ❑ Wie können Leute sicherstellen, dass ihre Information von denen gesehen wird, die Interesse an dem Gebiet haben (spezifische Kanäle, Gruppen, Veranstaltungen)?
- ❑ Wo und wie können Erfolgsstorys geteilt werden und Sichtbarkeit erlangen?
- ❑ Wissen alle, an wen sie sich bei bestimmten Themen wenden können, um diese zu diskutieren oder Input oder Rat zu erhalten? Wie könnte eine Übersicht über die Personen hinter verschiedenen Expertisen geboten werden (zum Beispiel Enterprise Social Network)?
- ❑ Gibt es Strukturen, über die Ideen gesammelt werden oder Feedback eingeholt wird?

Fördere das Netzwerken

❑ Haben alle Mitarbeitenden die Zeit, den informellen Austausch mit anderen zu suchen?

❑ Gibt es teamübergreifende oder offene Veranstaltungen und Interessengruppen?

❑ Teilen diejenigen, die in unternehmensweiten oder offenen Initiativen involviert sind, ihre Erfahrungen mit ihren Teams?

Hacks

❑ Transparenz mit der eigenen Arbeit muss vom Management vorgelebt werden – mache es zum Teil der Führungsrolle, zu teilen;

❑ mache regelmäßigen Austausch zum festen Bestandteil in Teamkalendern;

❑ erwäge (kürzere und weniger häufige) Austauschtreffen zwischen Einheiten.

Agile (und andere) Methoden/Tools

❑ Stand-up-Meetings (für das Team);

❑ Scrum of Scrums (teamübergreifend);

❑ offene Demos (inklusive Live-Videoübertragung und Möglichkeit, sich einzubringen);

❑ offene Reviews (auf Überblicksebene mit dem Fokus darauf, den erarbeiteten Wert und dessen Bedeutung zu betrachten);

❑ Informationsradiatoren (zum Beispiel Kanban-Board, Burn-up- oder Burn-down-Charts);

❑ Portfolio-Board (Überblick über laufende Initiativen mit jeweiliger Kontaktperson für Fragen oder Beiträge);

❑ Enterprise Social Network (inklusive Expertenprofilen);

❑ Themen-/Nachrichten-Streams (zum Beispiel in Microsoft Teams);

❑ Newsletter;

❑ Town-Hall-Meetings, Versammlungen;

❑ Treffen über Mittag (Brown Bags – jeder bringt sein Essen mit) zu bestimmten Themen, offen und auch virtuell möglich;

❑ Lunch-Roulettes (ein selbstorganisiertes Roulette zum Finden neuer Mittagessenspartner).

7.3 Beitragen (Zusammenarbeit über Beiträge und Flexibilität)

Flexibilität in der Zusammenarbeit auf Seiten der Organisation und der Menschen ermöglicht die volle Nutzung des eigenen Potenzials für die Firma, ohne die Einschränkung auf festgelegte Aufgaben oder Jobrollen oder Teamzugehörigkeiten. Ein Fokus auf das Liefern wertvoller Beiträge – versus das Abarbeiten der dem Stellenprofil inneliegenden Aufgaben – motiviert nicht nur, Initiative zu ergreifen und Höchstleistung zu bringen. Ein solcher Fokus aktiviert selbstständiges wertschöpfungsorientiertes Denken und einen den Stärken, Motivationen und Präferenzen entsprechenden Einsatz von Menschen. Die Flexibilität ermöglicht eine Netzwerkorganisation, die Mitarbeitende in der ganzen Organisation verbindet und zur Selbstorganisation von Zusammenarbeit befähigt. Ein schnelles und gezieltes Bündeln kreativer oder ausführender Schlagkraft macht die Organisation hoch anpassungsfähig gegenüber Veränderungen in den Marktgegebenheiten.

Silos und rollenbasierte Grenzen aufbrechen, Organisieren in Netzwerken

Insbesondere der Fokus auf Kundenzufriedenheit erfordert eine nahtlose interne Zusammenarbeit über Abteilungssilos hinweg, die die Schritte, die der Kunde erlebt, widerspiegelt. Viele Unternehmen strukturieren daher um und schaffen End-to-End-Verantwortung mit interdisziplinären Teams. Für andere Unternehmen bleiben Silos eine Herausforderung. Basierend auf einer Umfrage der American Management Association 2003 stellten Silos bereits dann eines der größten Probleme für Führungskräfte dar. Fast alle Befragten beschrieben negative Leistungsauswirkungen von Silos. Häufig genannte Effekte umfassten Revierkämpfe, Machtkämpfe und Konflikte.

Wenig überraschend schwören einige Unternehmen auf eine radikale Maßnahme, um Silos zu zerstören, wie im Folgenden beschrieben.

Beispiel: Wie das Eliminieren des mittleren Managements zum Abbau von Silos führt @Amazon

Bei Amazon berichten Teams direkt an das Topmanagement. Amazon hat die Erfahrung gemacht, wie Silos von Frontteams aufgelöst werden, wenn das mittlere Management aus dem Weg ist. Denn so ist eine Hauptursache für den Silobau – die verschiedenen Ziele und unterschiedlichen Prioritäten der mittleren Führungskräfte – beseitigt. Mikropolitische Taktiken und Machtkämpfe zwischen den Einheiten verschwanden und die teamübergreifende Zusammenarbeit nahm durch den Fokus auf gemeinsame, übergeordnete Ziele zu.

Silos in Organisationen haben jedoch grundlegendere Ursachen, die sich nicht beseitigen lassen. Und das ist auch nicht notwendig. Denn per se sind Silos nicht negativ. Bereiche geben einer Organisation Struktur, grenzen Verantwortlichkeiten ab und geben Mitarbeitenden Orientierungspunkte für das eigene Handeln. Sie stiften auch ein Stück weit Identität und Zugehörigkeit. Es gilt aber, die typischen negativen Effekte des Silodenkens zu mindern oder zu vermeiden.

Ein goldener Weg zum Aufbrechen von Silodenken

Ein Weg zu mehr siloübergreifender Zusammenarbeit führt von unten nach oben. Offene Initiativen, funktionsübergreifende Projekte oder offene Interessengruppen ermöglichen es Mitarbeitenden, sich übergreifend zu engagieren. Im Gegensatz zu den Bereichsverantwortlichen, die oft auf Abschirmung und Absicherung ihrer Einflussbereiche aus sind, haben einzelne Mitarbeitende weniger Interesse an Abschirmung und sind mehr an der Erweiterung ihrer Erfahrungen und Kenntnisse interessiert.

Die Menschen an der Front sind in der Regel offen, ihren Horizont innerhalb des Unternehmens zu erweitern, sich zu vernetzen und mit Kollegen aus anderen Abteilungen und Funktionen zu arbeiten. Erfolge werden dabei am ehesten erzielt, wenn Initiativen direkt an die Mitarbeitenden kommuniziert werden und die kaskadierende Information top-down über mehrere Ebenen vermieden wird.

Silos wird es immer geben

Silos gab es schon immer und wird es auch immer geben. Menschen organisieren sich in Gruppen, um ein Zugehörigkeitsgefühl zu entwickeln. Dazu ist es notwendig, sich von anderen Gruppen abzugrenzen. Die unter Fans des agilen Arbeitens so verschriene Silodenke ist nicht Ausdruck tayloristischer Arbeitsweise, sondern Teil der menschlichen Natur. Klar sichtbare Abteilungen und Bereiche stärken innerhalb der Einflusssphäre Gruppenmotivation und Zusammenarbeit. Der Versuch, Silos einfach zu eliminieren, ist daher möglicherweise nicht der richtige Weg, um die mit Silodenken verbundenen Probleme anzugehen. Wie können aber die Probleme mangelnder Kommunikation, mangelnden Austausches und mangelnder Zusammenarbeit zwischen Teams, Abteilungen oder anderen Organisationseinheiten angegangen werden?

Neben dem Fördern von bereichsübergreifender Zusammenarbeit und dem Schaffen von zusätzlichen Strukturen, die Silos verbinden oder überwinden, sind vor allem die Festlegung der richtigen Ziele beziehungsweise die Verwendung gemeinsamer Kennzahlen wichtige Aspekte.

Ein gemeinsam gefundener Sinn mit Vision und Strategie ist für das Funktionieren als ein gemeinsames Unternehmen von zentraler Bedeutung. Gibt es eine gemeinsame Vision, so arbeitet jede Abteilung oder Einheit auf das gleiche Ziel hin. Theoretisch. In der Praxis arbeiten jedoch verschiedene Einheiten jeweils auf eigenständige Ziele hin. Die vorherrschenden individuellen Bereichszielsetzungen können sogar mit Zielen anderer Einheiten konkurrieren. Zu beobachten ist, dass, je steiler die Hierarchiepyramide eines Unternehmens ist, desto weniger einzelne Ziele von verschiedenen Einheiten geteilt werden. Durch die Kaskadierung eines Ziels nach unten in der Hierarchie wird das Silodenken gestärkt, da sich jede Einheit auf ihr eigenes Teilziel konzentriert.

Gemeinsame Ziele, idealerweise abgebildet auf gemeinsamen (digitalen) Systemen, sind ein Ausweg. Es kommt hier nicht nur auf Transparenz an, das reicht nicht aus. Transparenz von Zielen ist der erste Schritt, der zweite und stetig wiederkehrende Schritt ist die Abstimmung der Zielmetriken im Unternehmen. Dazu muss eine Organisation nicht einmal agil sein. Auch in hierarchischen Umgebungen können die Ziele einzelner Einheiten auf die Kennzahlen für gemeinsame Ziele zurückgeführt werden.

Die notwendige Perspektive ist End-to-End. Ausgangspunkt ist der Wert, den das Unternehmen dem Kunden liefert. Daraus werden alle wertschöpfenden Schritte und Aktivitäten identifiziert und mit einer gemeinsamen Metrik verbunden.

Beispiel: Kollaboration stärken durch End-to-End-Sicht @Kommunikationsservice-Firma

Ein Beispiel für ein Kommunikationsdienstleistungsunternehmen (Schaubroeck/Holsztejn/Tarczewski/Theunissen 2016) zeigt, wie Zusammenarbeit gestärkt werden kann. Führungskräfte waren damit konfrontiert, dass nur fünfundsechzig Prozent aller Kunden beim ersten Einsatz des neuen Produkts eine funktionierende Verbindung erhielten. Separate, teilweise miteinander konkurrierende Ziele von Backoffice-, Betriebs-, Vertriebs- und Logistikteams waren die Ursache. Die Außendiensttechniker verkürzten die Zeit für die Einführung des Produkts mit dem Kunden, um ihre Ziele zu erreichen. Dies führte zu einer Zunahme der Anrufe im Callcenter. Das Callcenter kümmerte sich jedoch nur um die schnelle Lösung der Probleme pro Anruf, nicht um die Verringerung der Anrufe. Die Erfüllung der Kundenbedürfnisse als Ziel wurde für keine der Funktionen aufgenommen.

Ein typisches Bild bei fehlender End-to-End-Verantwortung und mangelndem Bezug zum Erlebnis des Endkunden.

Das Unternehmen in diesem Beispiel reagierte mit der Anpassung der Ziele. So erhielten Vertrieb und Außendiensttechniker das Ziel, die Anzahl der Anrufe an das Callcenter nach einer Installation um die Hälfte zu reduzieren. Darüber hinaus wurden funktionsübergreifende Teams gebildet und die

End-to-End-Kontrolle über den Prozess von der Bestellung bis zum Aftersales übernommen.

Häufig werden Kooperationsbemühungen weiter verstärkt, wenn sie sich auch direkt für die Beteiligten auszahlen. Zum Beispiel könnte das Callcenter Anrufe jeweils nach der Installation auswerten und daraus wichtige Hinweise für Außendiensttechniker dazu ableiten, welche Themen sie mit dem Kunden besprechen müssen. Dadurch können Außendiensttechniker die Zeit mit dem Kunden effektiver gestalten und so vielleicht wieder verkürzen.

Wenn Mitarbeitende End-to-End sehen, sehen sie nicht nur, wie wichtig die Zusammenarbeit zwischen Disziplinen und Abteilungen ist, sondern auch, wie kollaborative Tätigkeiten zu mehr Erfolg und zufriedenstellender Arbeitserfahrung führen können. Dies ist eine Folge des End-to-End-Aufbaus: Sinnzweck, indem man direkt erlebt, was die eigene Arbeit leistet, und ein Gefühl der Selbstwirksamkeit durch einen Einfluss auf andere und das Gesamtergebnis.

Aufzuzeigen, welche Vorteile Zusammenarbeit für alle bringt und wie sie zur Erreichung der Unternehmensziele beiträgt, sowie das Sichtbarmachen, wie die einzelnen Beiträge zusammenhängen, hilft, Kooperationen zu initiieren und bestehende aufrechtzuerhalten. Aber es steckt noch mehr dahinter.

Die Wirkung des Einanderhelfens spüren

In Wirklichkeit gehen einige gemeinsame Bemühungen schlicht darauf zurück, jemand anderem zu helfen. Positive Beispiele, die Mitarbeitende oft nennen, beziehen sich auf Situationen, in denen ein Kollege einem anderen geholfen hat oder für jemanden eingesprungen ist.

Es gibt eine einfache Übung, um die Wirkung der Zusammenarbeit für Teams zu demonstrieren. Jeder greift sich einen Stuhl, das Team bildet einen Kreis, wobei die Stühle je zwischen den Personen stehen. Jede Person hält den Stuhl hinter sich an der Lehne fest und nach hinten gekippt.

Auf ein Signal hin lässt jeder seinen Stuhl los (lässt ihn nach hinten fallen) und fängt gleichzeitig den Stuhl vor sich auf. Es lässt sich beobachten, wie jeder seine Augen auf den Stuhl vor ihm gerichtet hat. Man konzentriert sich darauf, den Stuhl zu fangen, viele Stühle fallen jedoch auf den Boden. In einer zweiten Runde werden die Personen angewiesen, dasselbe zu tun – den Stuhl hinter sich fallen zu lassen, den vor sich aufzufangen. Aber anstatt nach vorne zu schauen, gilt es, hinter sich auf die Person zu schauen, die den Stuhl fangen soll, und sicherzustellen, dass diese ihn fängt. Im Ergebnis fällt kaum mehr ein Stuhl auf den Boden. Dieser einfache Wechsel von »Ich muss mein Ziel erreichen« zu »Ich helfe anderen, ein Ziel zu erreichen« führt zu einem deutlich verbesserten Ergebnis – auf der individuellen Ebene wie auf der Teamebene.

Wenn es um Kollaboration geht, kommen früher oder später auch die Frage des Vertrauens und die Frage der psychologischen Sicherheit auf.

Für Zalando war der Aufbau von Vertrauen der Schlüssel zu ihrer agilen Transformation. Bowman, VP of Engineering bei Zalando, beschreibt in einem Interview mit McKinsey (2018) Vertrauen als Reibungsfläche. Ein Mangel an Vertrauen führe zu Zeitverschwendung, da jeder versucht, zwischen den Zeilen zu lesen.

Diversität ermöglichen, um Innovation zu fördern

Diversität ist bekannt dafür, kreatives und innovatives Denken zu fördern. Vielfalt in Alter, Geschlecht, ethnischer Zugehörigkeit oder Herkunftsland und beruflichem Hintergrund hilft, etablierte Denkmuster aufzubrechen, indem sie vielfältigere Sichtweisen und Lösungsansätze bietet.

Das Erreichen von Diversität kann ein langwieriger Prozess durch das Einstellen neuer Mitarbeitender oder interner Talent-Rotationen sein. Es gibt jedoch eine Alternative: Nutzen der Vielfalt, die im Unternehmen weltweit bereits vorhanden ist. Um ein Unternehmen mit verschiedenen Standorten zu einem global denkenden Unternehmen zu machen, braucht zunächst jedes Land eine Stimme, die nicht nur vom Hauptsitz, sondern weltweit gehört wird.

Zweitens braucht es Zusammenarbeit zwischen den Ländern. Dabei ist es wichtig, dass die Zusammenarbeit über internationale oder globale Initiativen und über die Grenzen globaler Geschäftseinheiten hinausgeht. Zusammenarbeit muss auch informell, spontan und mit nur einem Tagesordnungspunkt erfolgen: zum Austausch von Ideen oder Erfahrungen und gegenseitigen Lernen.

Die Förderung von Vielfalt auf diese Weise wird dazu beitragen, kreatives und innovatives Denken und Ideenfindung zu fördern. Hier kommt ein weiterer Aspekt ins Spiel: Vielfalt als Quelle für bessere Entscheidungen. Unterschiedliche Perspektiven und Ansätze führen, wenn sie kombiniert oder integriert oder zumindest berücksichtigt werden, zu besseren Ergebnissen.

Vielfalt auf der Grundlage des kulturellen Hintergrunds kann durch eine verbesserte länderübergreifende Zusammenarbeit schnell erreicht werden. Interdisziplinäre Teams wirken sich in der Regel positiv auf verschiedene Aspekte der Vielfalt aus. Zur Veranschaulichung: Während Teams innerhalb eines Fachbereiches häufig gemeinsame demografische Merkmale aufweisen (die Personalabteilung ist eher weiblich besetzt, die Instandhaltung eher männlich und so weiter), mischen interdisziplinäre Teams das Bild auf. Der Junior-Supply-Chain-Kollege (vielleicht ein junger Mann) arbeitet mit einem Senior-Verkäufer (vielleicht ein international erfahrener Mann mittleren Alters), einem Marketingspezialisten (vielleicht eine junge Frau) und einem Entwickler (vielleicht eine erfahrene Frau aus Indien) in einem Team.

Organisation in Netzwerken

Zusammenarbeit durch Organisation in Netzwerkstrukturen bedeutet, Kontakt zwischen Personen in der gesamten Organisation herzustellen, um Synergien und Kooperationsmöglichkeiten leichter zu erkennen und die schnelle, effektive und unternehmensweite Mobilisierung von kreativen oder ausführenden Kräften zu ermöglichen.

Eine netzwerkbasierte Organisation hat im Wesentlichen vier Vorteile:
- Silogrenzen können überwunden werden,
- Expertise, Wissen, Mindset oder auch schlicht Arbeitskraft kann zur Lösung eines Problems gebündelt werden,
- die Gelegenheiten für Beiträge mit maximaler Wertschöpfung können identifiziert werden,
- Selbstorganisation wird gefördert, indem es leichter ist, die richtigen Leute zu finden und zusammenzubringen.

Kollaboration ohne Grenzen bezieht sich auch auf die unterschiedlichen Hürden, die das Zusammenarbeiten erschweren oder einschränken. Diese sind:
- Hierarchie- oder Statusdenke,
- Wir-versus-ihr-Gefühl (das Identifizieren mit einer Gruppe versus einer anderen; Silodenken),
- starke Identifikation mit einer (Job-)Rolle (eine starke Bindung an eine bestimmte Rolle oder einen Job; Inflexibilität),
- strukturell gegebene Grenzen.

Beispiel: Agile Strukturen @Siemens

Bei Siemens wird eine Struktur empowerter Teams durch selbstorganisierte, von Mitarbeitenden geformte Netzwerke bereichert. Wenn jemand ein Problem oder eine Herausforderung wahrnimmt, mobilisiert er/sie so andere und schafft eine Gemeinschaft rund um das Thema, die an einer Lösung arbeitet. Beispiele für solche bottom-up-gesteuerten Lösungen bei Siemens sind die Grow2Glow-Initiative, die Etablierung von Frauen-Mentoring oder ein internes Tool, das den Mitarbeitenden die Organisationsstruktur zeigt. Die Mitarbeitenden wurden hier in vollem Umfang befähigt, das Tool zu erstellen und weiterzuentwickeln, auch mithilfe von Feedback von Mitarbeitenden aus der ganzen Organisation, die mit dem Tool arbeiten (Neuhauser 2018). Die meisten Themen drehen sich um interne Verbesserungen. Dies könnte auch daran liegen, dass interne Probleme für Mitarbeitende direkt sichtbar sind, während Herausforderungen, mit denen der Kunde konfrontiert ist, möglicherweise weniger transparent und sichtbar sind.

Rollenbedingte Grenzen überwinden – Beitrag versus Rolle

Teil des Übergangs von Vernetzung und Austausch zur Zusammenarbeit ist die Neudefinition von Jobrollen, indem die Zusammenarbeit explizit in Jobprofile aufgenommen wird. Auch dann aber beschränken sich die Auswirkungen meist auf jene Zusammenarbeit, die in jedem Stellenprofil bereits explizit beschrieben wird.

In einer agilen Kultur sind Prioritäten und Rollen weniger fix und gewollt Wandel unterworfen, der sich an neue Bedürfnisse und Umstände ständig anpasst. Menschen genießen mehr Freiheit, was ihre Aufgaben angeht, mit dem Ziel, ihre Arbeitszeiten so einzusetzen, dass sie den größten Mehrwert erzielen.

Kollaboration als Kulturelement erfordert Flexibilität in den Tätigkeiten und damit eine andere Definition der Wahrnehmung der eigenen Position sowie der eigenen Rolle in der Organisation. Die eigene Position wird nicht mehr durch die Stelle und Anordnung in der Hierarchie definiert, sondern letztlich darüber, worauf es in der letzten Konsequenz immer ankommt: durch die wertschöpfenden Beiträge.

Aus dem Rollenkäfig ausbrechen

Um ohne Grenzen zusammenzuarbeiten und sich auf wertvolle Beiträge zu konzentrieren, müssen die Ketten klassischer Arbeitsrollen abgelegt werden. Diese sind vor allem die Kette Zugehörigkeitsgefühl und die Kette Job und Verantwortung.

Zugehörigkeitsgefühl (Für und mit wem arbeiten wir?):
Wir gehören einem Team oder einer Einheit an und sind in der Regel unserem Job-Zuhause verpflichtet. Das Gesamtbild zu sehen und zu realisieren, dass wir Teil von etwas Größerem sind – der Organisation –, kann befreiend sein und unseren Horizont erweitern.

Mitarbeitende in einem vernetzten Unternehmen lernen und erleben, dass ihre Arbeit, ihre Beiträge geschätzt und anerkannt werden – unabhängig davon, wo sich der direkte Nutzen in dem Unternehmen bemerkbar macht. Es geht nicht mehr nur darum, den Erwartungen gerecht zu werden, die die Stelle oder auch das Team stellt, sondern jenen, die man sich selbst stellen sollte – wie jeden Tag sein Bestes zu geben und alle Talente einzusetzen, um zum Unternehmenserfolg beizutragen.

Job und Verantwortung (Wofür sind wir hier?):
Wir sind daran gewöhnt, unseren Wert für das Unternehmen danach zu messen, wie gut wir für unsere aktuelle Position geeignet sind und die Aufgaben und Verantwortlichkeiten ausreichend erfüllen. Dies ist ein gelerntes Verhalten und oft bleibt ein richtiges Gefühl der Zufriedenheit aus, auch wenn wir die beiden Fragen positiv beantworten. Wir checken eine Box. Wir möchten basierend auf dem, was wir tun und können, geschätzt werden. Als Person, nicht als Ressource, die eine Rolle besetzt. Wir möchten, dass unser Unternehmen sieht, dass wir viel mehr an den Tisch bringen als das, wofür wir ursprünglich eingestellt wurden. Unsere Lebensläufe zeigen oft so viel mehr als den Klassiker – hat diesen Job schon zuvor ausgeführt.

Die Anpassung an eine neue Kultur, in der Menschen wegen ihres Talents, ihres Potenzials, ihrer Persönlichkeit und ihrer einzigartigen Erfahrung geschätzt werden, führt in der Regel zu einer Steigerung der intrinsischen Motivation.

Flexibel beitragen statt Füllen einer Rolle oder Position

Kollaboration verlangt Flexibilität in der eigenen Rolle und Teamarbeit. Dies ist wichtig für die Anpassungsfähigkeit eines Unternehmens. Die genannte Studie von Capgemini Consulting zeigte, dass die Einrichtung von temporären Teams über Bereiche und Abteilungen hinweg die wichtigste Maßnahme war, mit der Unternehmen ihre Reaktionsfähigkeit auf Marktveränderungen erhöhen konnten.

Flexibilität in Teamkonstellationen kommt nicht ohne Kosten

Auf der anderen Seite sind die Vorteile stabiler Teams durch Forschung gut belegt. Sobald Menschen in einem Team neu zusammengeführt sind, braucht es Zeit, um sich zu einem leistungsstarken Team zu entwickeln. Es gibt mehrere Phasen, die das Team durchläuft, wie in Tuckmans (1965) bekanntem Phasenmodell der Teamentwicklung aufgeführt. Der Phase der Formung (des gegenseitigen Kennenlernens) folgt eine des Konfliktes (Rollen austarieren, Meinungen konfrontieren), darauf folgt die der Normung (stabile Rollen und Routinen festlegen) bis zur Phase der Leistungserbringung. Hier sind Interaktionen ausgefeilt und effektiv, und der Fokus liegt auf den Ergebnissen, die das Team erreichen will. Jede Veränderung in der Teamkonstellation, Rollen- und Verantwortungswechsel und insbesondere personelle Veränderungen führen das Team zurück zum Start, zu Phase eins. Das bedeutet, flexible Teams benötigen immer wieder Zeit, um sich einzuspielen. Ein Aufwand, der berücksichtigt werden muss.

Und wieder: Antreiber Ergebnis- und Lösungsorientierung

Auch hier ist es die Ergebnis- und Lösungsorientierung, von der die Organisation in Flexibilität und Anpassungsfähigkeit profitiert. Wenn Mitarbeitende das beste Erlebnis für den Kunden bieten wollen, werden sie flexibel zusammenarbeiten, um es zu erreichen. Vorübergehende Arbeit für ein anderes Team oder die Abgabe einer Projektleitung an eine andere Person oder ein anderes Team sind Teil einer gelebten Flexibilität.

Beispiel: End-to-End-Verantwortung fördert Flexibilität @Zalando
Die agile Transformation bei Zalando bedeutete nicht nur, eine neue Struktur aufzubauen, die agile Methoden ermöglicht. Es ging darum, eine anpassungsfähige Organisationsstruktur zu etablieren, die sich mit der Notwendigkeit für neue Produkte/Dienstleistungen, Bereiche oder mit neuen Problemen ändern kann. Um zu verhindern, dass jeder nach Einsatz seinen Platz in der Organisation erneut finden muss, bieten die typischen agilen Strukturen Stabilität in der organisatorischen Zuordnung von Mitarbeitenden. Sie gehören dauerhaft einem Chapter oder einer Capability (zum Beispiel einer Funktion) an, investieren ihre Arbeitszeit aber in verschiedenen Tribes, wo sie in verschiedenen Teams mitarbeiten.

Der Übergang von Kontakt und Vernetzung zu Zusammenarbeit

Auf dem Weg vom Vernetztsein zum Kollaborieren verändern sich zwei charakteristische Aspekte:

- Es wird tatsächlich Zeit in Zusammenarbeit investiert und Aufwand für andere betrieben,
- aus Gruppen werden Teams.

Verbunden zu sein und miteinander auszukommen ist das eine. Das andere ist, sich gegenseitig bei Projekten oder Jobs zu unterstützen. Oft sieht man Teams, die außerhalb ihrer eigenen Abteilung gute Netzwerke haben und sich gerne mit anderen austauschen und an Diskussionen teilnehmen. Teams, in denen auch gute Beziehungen zwischen den Kollegen bestehen. Wenn es jedoch darum geht, Zeit und Mühe zu investieren, um zur Arbeit eines anderen beizutragen oder die Kräfte zu bündeln, um gemeinsam etwas zu erreichen, gibt es wenig oder gar keine Aktivitäten. Dinge wie Vertrauen oder die Qualität der persönlichen Beziehungen zwischen Kollegen sind wichtig, wenn wir über Teamarbeit in stabilen Teamkonstellationen sprechen. Sie sind weniger relevant, wenn wir über temporäre Zusammenarbeit zwischen Teams oder gar siloübergreifend sprechen. Das folgende Beispiel der Firma Mars und ihrer Forschung über Zusammenarbeit veranschaulicht diesen Punkt.

Beispiel: Der Schlüssel zur Kollaboration @Mars

Mars ist ein 1911 gegründeter, globaler amerikanischer Süßwaren- und Tiernahrungshersteller. Ein Unternehmen, das wie viele andere in Teambuilding investiert hat, in Workshops, in denen persönliche Beziehungen zwischen Teammitgliedern aufgebaut und gestärkt wurden – ohne wesentliche Auswirkungen auf die Zusammenarbeit am Arbeitsplatz. Unter der Leitung von Carlos Valdes-Dapena, CEO von Corporate Collaboration Resources, beschloss Mars zu untersuchen, wie die Zusammenarbeit im Unternehmen verbessert werden kann und woran es mangelt (Valdes-Dapena 2018). Eine Studie mit einhundertfünfundzwanzig Teams, Interviews und Fragebögen ergab, dass die Mitarbeitenden von Mars sehr ergebnis- und handlungsorientiert waren. Folglich konzentrierten sie sich darauf, ihre eigene Arbeit zu erledigen und Ergebnisse zu erzielen, anstatt nach Möglichkeiten der Zusammenarbeit zu suchen. Die Mitarbeitenden fühlten sich dann am produktivsten, wenn sie ihre eigene Verantwortung wahrnahmen. Die Studie ergab, dass zwei Aspekte eingeführt werden müssen, um Zusammenarbeit zu erhöhen. Ein Aspekt war ein Aufzeigen, warum Zusammenarbeit notwendig ist, um Geschäftsergebnisse zu erreichen. Der zweite Aspekt war die genaue Klärung, welche Aufgaben Zusammenarbeit erfordern.

Um Menschen innerhalb eines Teams oder über Teamgrenzen hinweg zur Zusammenarbeit zu bewegen, muss es einen Nutzen geben. Auch hier geht es um Konsequenzen. Wenn sich die Ziele auf individuelle Arbeitsleistungen beschränken, wird Zusammenarbeit nicht belohnt, wenn sie nicht die persönliche Leistung erhöht. Zusammenarbeit kann vielmehr negative Konsequenzen haben, wenn sie Ressourcen abzieht und so die Individualleistung leiden lässt. Zusammenarbeit passiert dann freiwillig, wenn es einen sichtbaren Nutzen gibt.

Ein Team werden – psychologische Sicherheit

Für effektive Zusammenarbeit im Team braucht es auch Vertrauen: Vertrauen in eine produktive und faire Arbeitsatmosphäre. Der Begriff psychologische Sicherheit wird hier gerne verwendet und oft der Bezug zu einer zweijährigen Studie von Google zu erfolgreichen Teams hergestellt. Google identifizierte psychologische Sicherheit als wichtigste Zutat für erfolgreiche Teamarbeit bei Google. Psychologische Sicherheit bedeutet, dass darauf vertraut werden kann, dass Fehler nicht bestraft werden, sich sicher zu fühlen, Risiken einzugehen – Risiken wie das Formulieren einer verrückten oder disruptiven Idee, etwas oder dessen Sinnhaftigkeit zu hinterfragen, Entscheidungen anderer anzuzweifeln, kritische Fragen zu stellen, zuzugeben, dass man etwas nicht versteht, oder um Hilfe zu bitten. In einem Team mit hoher psychologischer Sicherheit werden all diese Verhaltensweisen nicht nur akzeptiert, sondern mit angemessener Reaktion belohnt, die den Beitrag schätzt und bereit ist, zu unterstützen.

Psychologische Sicherheit zu erreichen ist einfach, wenn sich die Teammitglieder auf persönlicher Ebene gut verstehen. Das bedeutet aber nicht, dass Freundschaften zwischen Kollegen notwendig sind. Bei Freundschaften kann die professionelle Distanz verloren gehen und dadurch das Äußern von Kritik oder Meinungsverschiedenheiten erschwert werden.

Der klassische Ansatz für einen Start der Entwicklung oder Förderung der psychologischen Sicherheit im Team besteht darin, sich im Team auf Teamregeln zu einigen. Nach der Sitzung können die Regeln als Poster ausgedruckt und von allen unterschrieben werden.

Teamregeln für psychologische Sicherheit

- Wir schätzen die Meinung des anderen, auch wenn wir anderer Meinung sind.
- Wenn Fehler passieren, weisen wir nicht Schuld zu, sondern versuchen, gemeinsam daraus zu lernen.
- Es gibt keine dummen Fragen. Jede Frage vertieft das Verständnis.
- Wir begrüßen kritische Fragen.
- Jede Idee ist ein geschätzter Beitrag, auch wenn sie uns nur zum Denken bringt.
- Wir wachsen zusammen: Wir fragen einander nach Feedback und geben Feedback.
- Wenn wir Hilfe brauchen, fragen wir danach.
- Wenn jemand Hilfe braucht, helfen wir.
- Konflikte sind normal und wichtig, um zu wachsen.

7.4 Praktische Hacks für Beiträge und Flexibilität

Kollaboration durch Beitragen und Flexibilität für jede(n) Einzelne(n)

Checkliste

Wo beitragen? Stelle sicher, dass du über aktuelle Prioritäten, strategische Pläne und laufende Initiativen und Projekte informiert bis. So kannst du nach Gelegenheiten suchen, etwas möglichst Relevantes beizutragen.

❑ Hast du einen Überblick über laufende Initiativen, Projekte und Diskussionen oder weißt du, wo du diese Information finden kannst oder wer sie hat?

❑ Kennst und verstehst du die Strategie und strategischen Prioritäten und erkennst du, wie dein Verantwortungsbereich und deine Kompetenzen hineinspielen können?

Was beitragen? Sei dir bewusst, was du zu bieten hast. Hast du ein klares Bild deiner Fertigkeiten, Kompetenzen, deines Wissens und deiner Erfahrung, von denen die Organisation (auch jenseits deines aktuellen Tätigkeitsbereiches) profitieren kann?

❑ Hast du Zugang zu besonderen Informationen (zum Beispiel durch die Teilnahme an Veranstaltungen, Mitgliedschaften, Fachmagazine)?

❑ Hast du spezielle Fertigkeiten oder Methodenkenntnisse?

❑ Bist du ein Experte in einem Gebiet?

❑ Hast du Erfahrung mit bestimmten Methoden, Tools oder Ansätzen (zum Beispiel agiles Arbeiten)?

❑ Hast du Erfahrung mit einem Kunden oder Wettbewerber?

Lass andere deinen Beitrag suchen.

❑ Stelle sicher, dass andere an dich denken, wenn sie nach Beiträgen aus deinem Spezialgebiet suchen;

❑ fange damit an, Vorgesetzte und Kollegen wissen zu lassen, dass du gerne Beiträge in anderen Kreisen leisten möchtest;

❑ kennen andere, zum Beispiel dein Vorgesetzter, dein vollständiges Profil (frühere Erfahrungen, Fähigkeiten, Spezialwissen)?

Kollaboration durch Beitragen und Flexibilität für jede(n) Einzelne(n)

Biete proaktiv Beiträge an.
- ❏ Hast du die Mitarbeit oder einen Beitrag in einem anderen laufenden oder geplanten Projekt angeboten?
- ❏ Suchst du nach Aufrufen zu Feedback?
- ❏ Wie könntest du deine Talente und Potenziale noch stärker zum Einsatz bringen?
- ❏ Wo könntest du den größten Mehrwert schaffen?

Hacks

Wenn du andere zur Kollaboration bewegen willst – sage ihnen nicht, was du brauchst. Frage sie um Hilfe! (Studien von Professor Paul J. Zak zeigten, dass diese einfache Frage bei anderen das Oxytocinlevel erhöht und so das Vertrauen und die Kooperationsbereitschaft.)

Kollaboration durch Beitragen und Flexibilität für das Team/die Einheit/die Organisation

Checkliste

- ❏ Stelle sicher, dass Mitarbeitende die Information haben, die sie brauchen, um Gelegenheiten für Kollaboration zu entdecken und Ideen zu entwickeln – unterstütze entsprechende Initiativen.
- ❏ Besteht die Möglichkeit, sich einen Überblick über laufende Projekte, Initiativen und Diskussionen zu verschaffen?
- ❏ Gibt es Wege, Kollaboration selbst direkt zu initiieren?
- ❏ Unterstützen die Führungskräfte direkte Kollaboration über Hierarchieebenen hinweg?
- ❏ Gibt es Strukturen oder Plattformen, die Beiträge in verschiedenen Rollen für unterschiedliche Einheiten vermitteln?
- ❏ Gibt es genügend Initiativen und Projekte, die siloübergreifend aufgestellt sind und Kollaboration auf Mitarbeitendenebene ermöglichen?

Stelle sicher, dass jeder die Flexibilität hat, um Beiträge auszuwählen.
- ❏ Wie viel Freiheit besteht in der Wahl der Aufgaben?
- ❏ Wie viel Zeit dürfen und können Personen für Beiträge außerhalb ihrer Rolle aufwenden?

Checkliste

Stelle sicher, dass Kollaboration ermutigt, wertgeschätzt und belohnt wird.

❑ Wie werden Beiträge außerhalb der Jobrolle in der Leistungsbeurteilung oder in personellen Entscheidungen berücksichtigt?

❑ Gibt es Belohnungen für Kollaboration (finanziell, ein Mehr an Verantwortung, Sichtbarkeit, Lob)?

❑ Gibt es Belohnungen für neue Ideen zu siloübergreifender Zusammenarbeit?

❑ Gibt es Möglichkeiten für einen Anreiz oder eine Regel, um Projekte interdisziplinärer zu gestalten (zum Beispiel mindestens eine beratende Person einer anderen Einheit/Funktion zum Standard machen)?

Stelle sicher, dass Kollaborationsfähigkeiten gelernt werden.

❑ Sind Projektteams divers genug?

❑ Wird Diversität gefördert?

❑ Werden Trainings für interkulturelle Kompetenz angeboten?

❑ Werden Führungskräfte darin ausgebildet, interdisziplinäre, geografisch verteilte und temporäre Teams zu formen?

Hacks

❑ Starte offene Projekte und Initiativen, die Teilnehmer(innen) aus unterschiedlichen Einheiten, Standorten und hierarchischen Ebenen einladen;

❑ lass Mitarbeitende sich um Projekte oder Ideen herum selbst organisieren;

❑ verwandle Meetings in Ko-Kreationstreffen; Teilnehmende erhalten Information zur Vorbereitung vorab und fokussieren das Meeting auf produktive Interaktion;

❑ neue Meetingformate, zum Beispiel »Lean Coffees« (Benson/Lightsmith) oder Methoden aus Liberating Structures, die unterschiedliche Arten der Interaktion ermöglichen und eine aktivere Mitarbeit aller Teilnehmenden fördern;

❑ setze sogenannte Broker ein, um interne Silos zu überwinden (siehe Burt 1995). Broker sind Mitarbeitende, die so in der Organisation positioniert sind, dass sie mit verschiedenen Gruppen arbeiten oder verbunden sind. Sie können effektiv Information in verschiedene Richtungen verbreiten und dabei helfen, Netzwerke aufzubauen. Broker sind eine gute Quelle, um Möglichkeiten für siloübergreifende Zusammenarbeit zu identifizieren, und eine gute Hilfe, diese zu initiieren und umzusetzen.

Kollaboration durch Beitragen und Flexibilität für das Team/die Einheit/die Organisation

Agile (und andere) Methoden/Tools

❏ Offene Demos (inklusive Liveübertragung und der Möglichkeit, zu kommentieren, Ideen oder Feedback beizusteuern);

❏ offene Review-Meetings (mit niedrigem Detailniveau und dem Fokus auf dem jeweiligen Output des Projektes/des Sprints und dessen Nutzen, mit der Möglichkeit für Beiträge);

❏ Portfolio-Wand (Überblick über laufende Initiativen mit Kontaktperson für Beiträge oder Fragen);

❏ Enterprise Social Network;

❏ Job-Rotationen oder Austauschprogramme sind klassische Methoden, um siloübergreifende Vernetzung und Austausch zu fördern – sie sind jedoch aufwendig in der Koordination und auf wenige Teilnehmende begrenzt.

7.5 Lernen (Zusammenarbeit über gemeinsames Lernen und Wachsen)

Gemeinschaft im Lernen und Wachsen ist eine Art der Zusammenarbeit, die das Lernen voneinander und aus Erfahrungen und Fehlern fördert. Ein offener Umgang mit Erfolgen, Misserfolgen und Herausforderungen führt zu gemeinsamer Reflexion und Adaption und erreicht dadurch die kontinuierliche Weiterentwicklung der Organisation. Hierzu gehört das Geben und Nehmen von Feedback genauso wie das Einbringen unterschiedlicher Perspektiven und das Äußern von Bedenken, kritischen und disruptiven Gedanken. Ein gegenseitiges Sich-in-die-Verantwortung-Nehmen für die Umsetzung gemeinsamer Entscheidungen und die Erreichung des gemeinsames Ziels: Fortschritt. Eine diverse und fehlertolerante Lernkultur.

Organisationales Lernen und Entwickeln geschieht durch Interaktion. Menschen lernen von- und miteinander. Und sie lernen miteinander, indem sie voneinander lernen und die Lernreise des anderen unterstützen.

Untereinander transparent sein

Transparenz untereinander wird die Entwicklung eines Unternehmens dadurch vorantreiben, dass a) voneinander und aus Fehlern gelernt wird und b) sich gegenseitig zur Verantwortung gezogen wird, um sich an das Gelernte anzupassen (einschließlich einer neuen Kultur).

Transparenz untereinander bedeutet, nicht nur offen darüber zu sein und zu teilen, woran man arbeitet und wie der Fortschritt ist, sondern auch:

- offen zugeben, wo einem Wissen fehlt, wo man zweifelt oder unsicher ist,
- teilen, wie zuversichtlich man hinsichtlich mancher Aspekte der Arbeit oder Ideen ist, was die Zweifel oder Vorbehalte sind,

- bekannt machen, was hinter der Arbeit oder der Idee steht, was die strategischen Überlegungen waren und welche Implikationen gesehen oder erhofft werden, was diese für andere bedeuten,
- offen über Fehler, Irrtümer oder falsche Entscheidungen sprechen.

Durch diese Art von Transparenz werden Menschen ermutigt, bei der Arbeit authentisch zu sein und Schwäche zu zeigen. Dies ermöglicht bedeutungsvolle Beziehungen und persönliches Wachstum. Die bereits erwähnten Studien von Professor Paul J. Zak konnten zeigen, dass Führungskräfte, die sich authentisch und verletzlich geben, das Vertrauen der Mitarbeitenden erhöhen, was wiederum zu einem höheren Engagement, höherer Produktivität und Mitarbeitendenbindung führt.

Transparenz mit den eigenen Grenzen und Unsicherheiten

Transparenz miteinander ist eine Regel, die sowohl für Mitarbeitende als auch für Führungskräfte gilt, unabhängig von ihrer Hierarchieebene. Was Google »kognitive Demut« (cognitive humility) nennt, ist die Fähigkeit, zurückzutreten und Ideen anzuerkennen und zu verfolgen, die nicht die eigenen sind. Es geht ein Stück weit um Bescheidenheit, die uns die Grenzen des eigenen Wissens oder Verständnisses anerkennen lässt.

Sebastien Blanc, CEO von Skimlinks, einem amerikanischen Online-Vermarkter für InText-Werbung, hat gerade den Umbau der Plattform zur Monetarisierung von Inhalten hinter sich und bringt auf den Punkt (2019, übersetzt): »Als CEO können Sie ehrlich über den Erfolg sein, klar über Scheitern und offen darüber, was Sie noch herausfinden müssen.« Das Gleiche gilt für Führungskräfte auf allen Ebenen. Diese Art von Transparenz ist die Grundlage für eine Kultur der Integration und des Engagements, für Augenhöhe und die Nutzung kollektiver Intelligenz.

Zeigen, was hinter der Arbeit steckt

Zu kommunizieren, warum man etwas tut, ist ebenso wichtig, wie zu kommunizieren, was man tut. Aus zwei wesentlichen Gründen:

Erstens kann das Vermitteln des Sinnzwecks der Arbeit einen entscheidenden Unterschied dafür machen, für das Interesse von Kollegen mitzuwirken. Für die, die sich mit der Sache identifizieren können, ist es einfacher, Interesse an der Arbeit zu entwickeln und sich mit dieser Arbeit zu identifizieren. Auch trägt zur Motivation bei, die strategischen Gründe für eine Arbeit zu erklären und aufzuzeigen, wie diese in die Vision eingebunden ist.

Um andere wirklich in Pläne und/oder eine Arbeit einzubeziehen, reicht es nicht aus, eine Idee gut zu verkaufen. Engagement entsteht, wenn Menschen investieren. Hierfür gilt, eine Idee oder einen Plan so früh wie möglich mit anderen zu teilen und um Input zu bitten, sodass sie mitgestalten können. Offen Bedenken und Unsicherheiten in Bezug auf die Arbeit anzusprechen, wird andere motivieren, sich auch Gedanken darüber zu machen und zu unterstützen.

Zweitens: Nur wenn andere verstehen, was mit einer Arbeit erreicht werden soll, sind sie in der Lage, einen sinnvollen Beitrag zu leisten, der möglicherweise gesetzte Erwartungen noch übertrifft. So können andere Aspekte erkennen, die bisher nicht betrachtet oder vernachlässigt wurden, neue Ideen entwickeln oder Synergien mit anderen durchgeführten oder laufenden Arbeiten innerhalb der Organisation oder sogar außerhalb des Unternehmens finden.

Andere für eine Idee gewinnen:
- Erzähle, wie die Idee entstanden ist,
- erkläre die strategische Überlegung dahinter,
- sei transparent hinsichtlich der Daten und Informationen, die die Idee stützen,
- zeige das große Ganze auf – was willst du erreichen? – und ziehe die Verbindung zum Sinnzweck oder der Vision,
- demonstriere die unmittelbaren und langfristigen Gewinne für alle involvierten Personen (wovon profitiert der Einzelne?),

- verdeutliche auch die möglichen negativen Auswirkungen und Risiken, die resultieren können, wenn die Idee nicht umgesetzt wird,
- teile auch vorläufige Gedanken und Pläne, sodass andere mitdenken können und so Verbundenheit zur Idee entsteht,
- sei offen mit Unsicherheiten und frage andere nach ihren Gedanken und Rat.

Aus Fehlern lernen – die Fehlerkultur

»[…] Autonomie ist gelernt und verdient. Auf der Basis, dass gute Urteilsfähigkeit durch Erfahrung entsteht und Erfahrung durch schlechte Urteilsfähigkeit entsteht.«

Eric Bowman, VP Engineering bei Zalando, 2018 via McKinsey (übersetzt)

Unternehmen widmen sich zunehmend dem Thema Fehlertoleranz, um Experimentieren und Innovationen zu fördern. Fehler werden als Zeichen für mutige Entscheidungen gefeiert, als Indiz für Risikobereitschaft, für das Ausprobieren neuer Wege und Ideen. Fehler-des-Monats-Auszeichnungen sind ein Beispiel dafür oder auch Failure Nights. Übervorsicht, Zögerlichkeit und die Angst vor dem Scheitern sollen so überwunden und schnelle und mutige Entscheidungen gefördert werden. Um aber nachhaltig von Fehlern profitieren zu können, müssen Unternehmen sich von dem Glorifizieren von Fehlern ab- und dem Feiern von Lernen (aus Fehlern) zuwenden und dieses zu einer Bedingung machen.

Die Geschichte von Erfolg und Misserfolg erzählen

Wann immer sich eine Kultur in eine bestimmte Richtung entwickeln soll, sei es durch die Überwindung von Grenzen der Zusammenarbeit oder durch den offenen Umgang mit Fehlern und den Beginn eines gemeinsamen Lernprozesses, ist Storytelling ein gutes Instrument, um neue Elemente einzuführen, Menschen zu helfen, sich auf der Verhaltensebene mit ihnen vertraut zu machen und eine emotionale Verbindung zum Thema aufzubauen. Es schafft Glaubwürdigkeit und Nahbarkeit.

Kombiniert mit Anreizen ist es ein mächtiges Instrument. Anreize können zum Beispiel Sichtbarkeit und Anerkennung, privat oder öffentlich, sein.

Eine Geschichte wird idealerweise von den Personen erzählt, die direkt involviert waren. Aus der Geschichte muss hervorgehen, dass ein Fehler nicht bestraft wurde, sondern stattdessen Anlass oder Mittel war, Wichtiges zu lernen oder einen entscheidenden Fortschritt zu machen. Wie kam es zu dem Fehler und was wurde daraus gelernt? Welche Fortschritte resultierten? Gut eignen sich Fehler, die durch mutige, risikoreiche Entscheidungen entstanden sind oder durch eine Forcierung schnellen Fortschritts oder Experimente zu Verbesserungen oder Innovation.

Besonders eindrücklich ist es häufig, wenn das Management Fehler und Misserfolge öffentlich teilt. Es sendet eine klare Botschaft: dass Scheitern Teil des Erfolgs ist, wenn nicht sogar Bedingung.

Aus Fehlern zu lernen gelingt am besten in Interaktion

Ob eine Organisation aus einem Misserfolg lernt oder nicht, wird zunächst innerhalb des Teams entschieden, in dem der Fehler passiert ist.

Wo keine Lernkultur etabliert ist, zu der auch psychologische Sicherheit gehört, verhindern oft Schuldzuweisungen und Verteidigungshaltungen ein Reflektieren und Lernen. Tritt ein Fehler auf, scheitert eine Initiative, erweist sich eine Entscheidung als falsch, wird es entweder unter den Teppich gekehrt oder endet im Fingerzeigen auf der Suche nach dem Schuldigen. Schuldzuweisungen vergiften nicht nur die Atmosphäre und provozieren Konflikte – sie bringen alle in eine defensive Position, in der Reflexion unmöglich ist.

Letztendlich wird alles getan, um Fehler zu vermeiden. Man bleibt auf der sicheren Seite, geht keine Risiken ein, teilt keine verrückten oder disruptiven Ideen mit, probiert nichts Neues aus und sitzt risikobehaftete Entscheidungen aus.

Die Grundlage schaffen und ein Lern-Mindset fördern

Das Kulturelement Transparenz bildet die Grundlage für eine Lernkultur, indem es Misserfolge so transparent macht, wie es Erfolge und Vertrauen schafft. Die Freiheit des Elements Empowerment ist der zweite Grundstoff, da Menschen eine gewisse Handlungsfreiheit brauchen, um erforschen und ausprobieren zu können. Das Empowerment, Veränderungen vorzunehmen und Entscheidungen zu treffen, die nennenswerte Auswirkungen haben, öffnet die Tür für Misserfolge, aber auch für die Fähigkeit, diese selbst zu korrigieren.

Wenn die Kultur der Transparenz und des Empowerments eines Unternehmens etabliert ist, wird über Kollaboration eine fehlertolerante Lernkultur wachsen.

Unabhängig davon, wo die Organisation hinsichtlich der oben genannten Themen steht, gibt es verschiedene Maßnahmen, um eine fehlertolerante Lernkultur zu fördern.

Mit Neugier von der Schuldzuweisung zur offenen Reflexion

Ein Weg, eine stagnierende fehlervermeidende oder schuldzuweisende Kultur zu verändern, ist: Fingerzeig durch Neugierde ersetzen. Zuerst: Schätze das Scheitern als Indikator für Initiative und Risikobereitschaft, als Vorbote von Fortschritt. Dann: auf Fehler und Misserfolg mit Neugierde reagieren. Reflektieren, analysieren, Rätsel lösen – wie kam es zu dem Fehler? Abstrahieren, interpretieren und kreativ werden – was kann daraus gelernt werden? Was als Folge verbessert werden?

Für Teams bedeutet das, sich gemeinsam auf die Suche nach den Umständen und Ursachen des Scheiterns (nicht nach einem vermeintlichen Schuldigen) zu begeben, Detektiv zu spielen und gemeinsam auszuwerten, welche Einsichten gewonnen werden können und was jeder davon lernen kann. Es ist das Scheitern von gestern, das zum Erfolg von morgen führt.

Im agilen Methodenkoffer gibt es mehrere Tools, die helfen, Faktoren und Ursachen zu identifizieren, die zum Scheitern führten. Sie werden zur Problemerkennung eingesetzt, können aber auch nützliche Werkzeuge sein, um die Neugierde zu wecken, aus Fehlern zu lernen.

Eine Technik ist das Fischgrätendiagramm, ein Ursache-Wirkungs-Diagramm. Eine weitere Technik ist »The five Whys«. Hier werden fünf Warum-Fragen nacheinander gestellt, um dem Problem auf den Grund zu gehen. Die Geschichte um das Lincoln Memorial bietet eine gute Illustration.

Exkurs: Das Lincoln Memorial und die fünf Warums

Der Nationalparkdienst war mit dem Problem konfrontiert, dass das Denkmal äußerlich schnell verfiel. Um die Verschleißerscheinungen zu beseitigen, müsste der Stein regelmäßig kostspielig ersetzt oder restauriert werden. Über fünf Warum-Fragen der Park-Service-Führungskräfte an die Wartungscrew konnte das Problem leichter gelöst werden.

1. Warum verfällt das Material so schnell? Wegen der Hochleistungssprühgeräte, mit denen das Denkmal alle zwei Wochen gereinigt wird.
2. Warum sind alle zwei Wochen Hochleistungswäschen erforderlich? Wegen der Menge an Vogelkot auf dem Stein.
3. Warum gibt es so viel Vogelkot? Weil viele Vögel kommen, um sich von den Spinnen zu ernähren.
4. Warum gibt es so viele Spinnen? Sie werden von den vielen Insekten angelockt, die auch nachts dort sind.
5. Warum gibt es so viele Insekten? Sie werden von den leistungsstarken Scheinwerfern angezogen, mit denen das Denkmal bei Nacht für die Touristen beleuchtet wird.

Das Erkennen der Ursache ist die halbe Lösung

Wenn man die Ursache kennt, kann das Problem leicht gelöst werden. Anstatt das Licht zwei Stunden vor Sonnenuntergang einzuschalten, wurde es dreißig Minuten nach Sonnenuntergang eingeschaltet und morgens dreißig

Minuten vor Sonnenaufgang ausgeschaltet. Die Zahl der Insekten wurde um neunzig Prozent reduziert. Was das Beispiel so gut veranschaulicht, ist, wie einfach es ist, »the five Whys« zu unterbrechen und nach der ersten Antwort bereits zu Lösungen zu springen. In diesem Beispiel hätte das Problem auf viele Arten gelöst werden können. Netze könnten verwendet werden, um die Vögel fernzuhalten (was für Touristen unattraktiv ist), oder Insektizide, um die Anzahl der Insekten zu reduzieren.

Das Instrument unter den agilen Methoden, das die größte Wirkung auf die Lernorientierung einer Kultur hat, ist die Retrospektive.

Die Retrospektive als Werkzeug für die Lernkultur

Eine Retrospektive folgt einem einfachen Format, um eine abgeschlossene Arbeitsphase zu betrachten, Lehren zu ziehen und zukünftige Maßnahmen zur Leistungssteigerung abzuleiten. Eine einfache Vorlage enthält vier Fragen: Was lief gut? Was hätte besser sein können? Was haben wir gelernt? Was verwirrt uns noch?

Um Fingerzeigen vorzubeugen und die Reflexions- und Lernfähigkeit zu fördern, folgen Retrospektiven der ersten Direktive von Norm Kerth, die in einer Retrospektive formuliert oder visualisiert werden kann: »Unabhängig davon, was wir heute entdecken, wir verstehen und glauben wirklich, dass jeder sein Beste getan hat, vor dem Hintergrund des seinerzeitigen Wissens, seiner Fertigkeiten und Fähigkeiten, der verfügbaren Ressourcen und der Situation.«

Die offizielle Empfehlung ist, eine Retrospektive nach jedem Sprint oder jeder Iteration zu halten. Je länger die Arbeitsphase, desto länger die Retrospektive. Für einen vierwöchigen Sprint wird eine dreistündige Retrospektive empfohlen. Teilnehmende sind das Team, der Scrum Master und der Product Owner.

Zwei wichtige Techniken für die Retrospektive sind Brainstorming und Mute Mapping. Während Brainstorming genutzt werden kann, um Daten, Fakten und Beobachtungen aus dem Team zu sammeln, kann Mute Mapping verwendet werden, um die Datenpunkte sinnvoll aufzubereiten.

Einige Techniken, die für das Brainstorming verwendet werden können, sind Round Robin, Free for All oder Quiet Writing. In Round Robin teilen alle ihre Eindrücke nacheinander. Free for All entspricht einem unstrukturierten Brainstorming, das Spontaneität und einen dynamischen Prozess ermöglicht, aber gleichzeitig das Risiko birgt, dass einige wenige Personen die Sitzung dominieren. Quiet Writing hingegen gibt nicht nur jedem eine Stimme, sondern eliminiert auch Gruppendynamiken und sichert die Unabhängigkeit der Inputs. Jeder notiert seine Punkte leise auf einem Blatt Papier, das vom Moderator eingesammelt wird.

Beim Mute Mapping sortieren die Teammitglieder die gesammelten Punkte (auf Karten), um Affinitäten oder Verbindungen zwischen ihnen herzustellen. Während der Übung wird nicht gesprochen. Die Technik trägt dazu bei, dass jedes Teammitglied einbezogen wird.

Für viele mag die regelmäßige Rückschau zunächst als übermäßig große Zeitinvestition erscheinen.

Doch werfen wir einen Blick auf das Militär. Hier müssen Entscheidungen oft unter großem Unsicherheitsfaktor und Zeitdruck getroffen werden. Nach der Entscheidung erfolgt die Reflexion. So kann beispielsweise einer Flugstunde für einen Piloten eine drei- oder vierstündige Nachbesprechung folgen.

Innerhalb der agilen Methoden findet Lernen hauptsächlich in der Sprint-Retrospektive, aber auch in Sprint Reviews und dem Daily Stand-up statt. Hindernisprotokolle (Impediment Logs) dienen dabei als Quelle für kontinuierliche Verbesserungsbemühungen, die zeitnah ein Hindernis nach dem anderen lösen.

Es ist der iterative Ansatz agiler Methoden, der das kontinuierliche Lernen unterstützt. Ein hilfreicher Rahmen dafür ist das Plan-Do-Check-Act-Framework (PDCA), auch Deming-Zyklus oder Shewhart-Zyklus genannt, aus dem Lean-Manufacturing-Ansatz. Zu Beginn eines Projekts steht ein Plan. In der Do-Phase passiert die Ausführung eines ersten Teilschrittes, erste Erfahrungen und Daten werden gesammelt. Diese werden dann in der darauffolgenden Check-Phase ausgewertet. Die Erkenntnisse werden in der Act-Phase (auch: Anpassungsphase) umgesetzt, was zu einem verbesserten Prozess als Basis für den nächsten Zyklus führt. Der iterative Ansatz kann kritisches Denken fördern und Leistungssteigerung und Innovation durch konsequente Problemlösung unterstützen.

Für kontinuierliches Selbstlernen im Unternehmen ist Kaizen eine Methode mit einer wichtigen Botschaft. Kaizen ist das japanische Wort für kontinuierliche Verbesserung. Eines der Prinzipien von Kaizen ist, dass große Verbesserungen aus vielen kleinen Anpassungen resultieren. Der Ansatz ermutigt, dass jeder in der Organisation, unabhängig von Position und Reichweite, Ideen für Verbesserungen einbringt, egal wie nichtig sie erscheinen.

Gegenseitig in die Pflicht nehmen

Verantwortungsbewusstsein und wahrgenommene Rechenschaftspflicht sind notwendig für Selbststeuerung, auch beim Lernen. Sich gegenseitig zur Verantwortung zu ziehen und Feedback zu geben hilft der Organisation zu wachsen. Ein wichtiges Element des Gesprächs innerhalb einer Organisation über Werte, Prinzipien und Kulturelemente ist das Stellen kritischer Fragen und Äußern kritischer Beobachtungen und Standpunkte.

Fragen und Kritik fördern

Wirkliches Lernen und Wachstum finden nur statt, wenn auch kritische Standpunkte und Kritik geteilt werden. Es geht dabei nicht darum, eine Kultur der Beschwerden oder gar des Antagonismus zu fördern. Wenn es einem Unternehmen aber ernst damit ist, sich zu verändern, braucht es Mitarbeitende, die sich gegenseitig und das Management in die Verantwortung nehmen und das umsetzen, was gepredigt wird.

Wenn beispielsweise funktionsübergreifende Zusammenarbeit gefördert werden soll und ein neues wichtiges Projekt ausschließlich von einem Silo abgewickelt wird, das den Einbezug anderer verweigert, muss dies angesprochen werden. Wenn Transparenz ausgerufen wird und sich das Management weiter ohne Kommunikation nach außen hinter verschlossenen Türen trifft, muss das konfrontiert werden. Wenn ein Verhalten, das auf die gewünschte Kultur abgestimmt ist, zu negativen Folgen führt, bedarf es einer Beschwerde.

Sich zu äußern, insbesondere gegen das Management, kann eine echte Herausforderung sein, umso mehr, wenn eine Kultur des Vertrauens und der Transparenz noch am Anfang steht.

Zu der kürzlichen Transformation bei Novartis zu einer Kultur des Empowerments teilt Baert, Leiter der Personalabteilung, mit (Schoelz 2019), wie die Ermutigung der Mitarbeitenden, sich frei zu äußern, zur schwierigsten Herausforderung für ihn und sein Team wurde. Unterstützt durch das Topmanagement, begann die Stärkung der Mitarbeitenden damit, dass Teams Ideen zur Umsetzung der neuen Kultur selbst entwickeln konnten. Dazu gehörte auch offenes Feedback darüber, wo die Dinge stehen. Baert erlebte eine plötzliche Zunahme von Konflikten, als lange verdeckte Themen ausgepackt wurden.

Auf Ebene der Organisation ist dies nochmals schwieriger zu erreichen. Die Realität in vielen Organisationen ist davon weit entfernt. Basierend auf Ciscos Forschung (2011) mit mehr als achthundert Unternehmen fühlen sich nur dreiunddreißig Prozent der Mitarbeitenden wohl, in Meetings überhaupt Ideen mitzuteilen. Man kann davon ausgehen, dass die Hürde für das Einbringen kritischer Ansichten nochmals höher ist.

Anonyme Feedback-Mechanismen können hier eine Hilfe sein. Es gibt Feedback-Plattformen, die Feedback sammeln und anonym anzeigen und anonyme Befragungen von Mitarbeitenden ermöglichen.

Beispiel: Technologie für offene Kommunikation @Google
Google hat frühzeitig erkannt, dass offene Kommunikation unterstützt werden muss. In Sitzungen mit größerem Publikum können Mitarbeitende über eine anonyme Plattform Fragen stellen oder Probleme nennen. Um die Anzahl von Beiträgen zu bewältigen, ermöglicht die Plattform (genannt Dory) auch, Fragen oder Themen in Rangfolge zu bringen. Die für die Mitarbeitenden relevantesten Themen rücken in Echtzeit an die Spitze der Liste und können in der jeweiligen Sitzung aufgegriffen werden.

Kommunikation als Schlüssel zum gemeinsamen Lernen und Wachsen

Sich gegenseitig in die Verantwortung zu nehmen ist ein obligatorisches Element jeder Veränderung (zum Beispiel Basford/Schaninger 2016): sich gegenseitig an Bekenntnisse erinnern, Rückfälle in altes Verhalten oder widersprüchliches Verhalten konfrontieren, sich gegenseitig aus der eigenen Komfortzone holen.

Wenn sich jeder für Selbstverantwortung einsetzt und andere in die Verantwortung nimmt, passiert auch kultureller Wandel effektiver und nachhaltiger.

Gegenseitiges In-die-Verantwortung-Nehmen hat einen nachhaltigen Einfluss auf Unternehmen, da es ein Gespräch darüber auslöst, wo das Unternehmen und jeder Einzelne steht, wohin es gehen soll und wie jeder Einzelne dorthin kommt.

Deshalb ist es wichtig, Menschen zu ermutigen, sich gegenseitig auf der Grundlage der kulturellen Normen und Werte zur Verantwortung zu ziehen. Netflix zum Beispiel fördert entsprechendes Verhalten, indem Mut als Wert gepriesen wird. Mut wird in Netflix' Culture Deck definiert als das Infragestellen von Handlungen, die nicht im Einklang mit den Werten des Unternehmens stehen.

Bei Instagram sehen wir, wie das gegenseitige Sich-zur-Verantwortung-Ziehen sogar in einen Prozess integriert werden kann.

Beispiel: Firmenwerte befolgen @Instagram
Im Engineering-Team von Instagram ist ein Abgleich mit den kulturellen Prinzipien Teil eines formalen und transparenten Entscheidungsprozesses. Eines der Prinzipien von Instagram ist zum Beispiel »So schnell wie möglich bewegen«. Für Instagram beinhaltet dies die Minimierung von Abhängigkeiten. Wird beispielsweise ein neues Projekt oder eine neue Struktur diskutiert, wird im Entscheidungsprozess überprüft, inwiefern das Prinzip der minimalen Interdependenzen eingehalten wird (First Round Review 2019). Ist dies nicht der Fall, werden Veränderungen vorgenommen, bevor das Okay gegeben wird. Umfasst ein Projektplan beispielsweise mehrere Einheiten, die zusammenarbeiten oder sich abstimmen müssen, kann der Umfang geändert werden, um Abhängigkeiten zu verringern, oder das Projekt wird abgelehnt.

Eine Unternehmenskultur beeinflusst maßgeblich die Leistung der Organisation. Hinter jeder Initiative, eine Organisationskultur zu verändern oder weiterzuentwickeln, steht immer der Gedanke der Steigerung der Leistungsfähigkeit und des Erfolges einer Organisation.

Agile Transformationen haben das gleiche Ziel. Eine agile Kultur, wie sie beispielsweise im TEC-Model skizziert ist, sowie agile Methoden und Werte an sich fördern die Dynamik, sich gegenseitig für Leistungsstandards verantwortlich zu machen und nach Verbesserung zu streben.

Beispiel: Wie Selbststeuerung Leistungserwartung durch sozialen Druck steigen lässt @Spotify
Bei Spotify sind Teams unter dem Motto »Don't ask, do!« befähigt, Entscheidungen zu treffen. Da es kein Management gibt, das Ideen bewertet oder genehmigt, nutzen Teams permanente Feedbackschleifen zur Selbststeuerung. Teams demonstrieren Ideen und Fortschritte und sammeln Feedback von allen Kollegen, die in dem Bereich Kompetenz haben. Darüber hinaus kom-

mentieren oft weitere Kollegen die Ideen aus der Nutzerperspektive (Raga 2015).

Erfolg und Misserfolg sind gleichermaßen sichtbar. Damit einher gehen ein nicht unerheblicher sozialer Druck und Gruppenzwang. Individuelle Leistung ist gut sichtbar, niedrige Leistung bleibt nicht lange verborgen.

Die Fähigkeit, die Arbeit des jeweils anderen beeinflussen und anderen reinreden zu können, führt zu einer sich ständig verändernden informellen Hierarchie zwischen Mitarbeitenden. Rang basiert dabei rein auf Leistung, auf der Qualität der Beiträge der Einzelnen.

Sich gegenseitig in die Verantwortung zu nehmen bedarf immer eines Gesprächs. Wenn man sich gegenseitig an Vorhaben erinnern, sich unterstützen oder herausfordern möchte, müssen Themen angesprochen und konfrontiert werden. So wird Feedback zur Währung eines Kulturwandels und einer agilen Kultur.

Feedback: zusammen lernen und wachsen

Feedback ist Gold wert und oft Mangelware. Das hat Gründe. Doch diese können effektiv adressiert werden.

Die Gefahren des Feedbackgebens

Netflix adressiert das Thema sehr direkt mit einer Verhaltensregel: »Du sagst nur Dinge über andere Mitarbeitende, die du ihnen ins Gesicht sagst.«

Netflix geht es dabei nicht in erster Linie darum, ein Lästern hinter dem Rücken des anderen zu vermeiden, sondern darum, dass kritische Sichtweisen als Feedback nutzbar werden und den Betreffenden direkt mitgeteilt werden.

Netflix führt in seinem Culture Deck weiter aus, dass dies in der Tat für neue Mitarbeitende eine der härtesten Kulturregeln ist. Netflix trifft den Nagel auf den Kopf mit der Erklärung, dass Personen, die sagen, was sie über andere denken, normalerweise ausgeschlossen werden. Bei Netflix aber ist dies ein gewünschtes Attribut. So begegnet Netflix der Angst, sich durch negatives Feedback unbeliebt zu machen.

Die Angst, sich unbeliebt zu machen, ist nur einer der Aspekte, die viele davon abhalten, Feedback zu geben. Zwei weitere sollten Beachtung finden.

Ein zweiter Aspekt ist die Angst vor Konfrontation und die Tendenz, Konflikte zu vermeiden. Wie konfrontativ und konfliktbereit man ist, ist eine Frage der Persönlichkeit, der Ausprägung der Eigenschaft Verträglichkeit. Diese ist normalverteilt. Das durchschnittliche Unternehmen hat etwa fünfzig Prozent verträgliche und fünfzig Prozent weniger verträgliche Mitarbeitende. Kritisches Feedbackgeben fällt so dem einen leichter als dem anderen. Lernen können es beide.

Feedbackkultur fördern

Die gute Nachricht ist, dass es eine Frage des Trainings und der gesteuerten Erfahrung ist, eine offene Feedbackkultur zu schaffen und fördern. Eine Maßnahme bietet sich dabei immer an: lernen, kritisches Feedback konstruktiv und diplomatisch zu gestalten. Des Weiteren lohnt sich Training in der Konfliktbearbeitung, das damit beginnt, Teams über Konflikte aufzuklären und aufzuzeigen, inwiefern Konflikte ein notwendiges Element für das Zusammenwachsen von Teams sind (siehe Tuckmans Modell).

Der dritte Grund, kritisches Feedback zurückzuhalten, ist die Angst, jemanden zu verletzen oder zu demotivieren. Auch hier gibt es Hilfe: Es ist wichtig, Personen darin zu schulen, wie man kritisches Feedback verträglich gibt und motivierend verpackt. Es gibt hierfür viele Feedback-Modelle, mit denen man arbeiten kann. Eine besonders einfache und wirksame Methode ist die Sandwichregel.

Exkurs: Die Feedback-Sandwichregel

Bei der Sandwichregel geht es nicht darum, negatives Feedback zwischen positivem zu verstecken. Es geht darum, Feedback einzubetten, um a) eine Offenheit zu erzeugen und b) den anderen mit einem guten Gefühl gehen zu lassen. Und es geht darum, realistisch zu sein. Selbst der/die schlechteste Mitarbeitende, der/die nervigste Kollege/Kollegin: Wie viel Prozent aller seiner/ihrer Verhaltensweisen sind negativ? Eine negative Sache am Tag? In der Woche? Wie ist das Verhältnis? Eins zu zehn, eins zu hundert? Scheint fair zu sein, dann Feedback in einem Verhältnis von eins (negativ) zu zwei (positiv) zu geben.

Die kritische Rückmeldung zwischen zwei positive zu packen dient zweierlei. Ein positives Feedback zu Beginn schafft die Voraussetzung für ein konstruktives und offenes Gespräch: Der andere ist bereit, zuzuhören. Der Empfänger der Nachricht erhält so außerdem den Eindruck, dass das Gegenüber sich fair verhält und nicht nur auf Fehler achtet. Am Ende eine wertschätzende Beobachtung zu teilen stellt sicher, dass die Person das Gespräch mit einer positiven Einstellung und Stimmung verlässt. Basierend auf dem Primary- und Recency-Effekt erinnern sich Personen insbesondere an das Erste und Letzte, was sie hörten. Die Gefahr, dass die kritische Rückmeldung so aber vergessen wird, besteht nicht. Aus der psychologischen Forschung wissen wir, dass sich negative Botschaften stärker einprägen als positive Botschaften. Im Idealfall kann der negative Punkt in einen Booster umgewandelt werden – dies bedeutet, aufzuzeigen, wie eine Änderung des herausgestellten Verhaltens die bereits positiven Aspekte der Reputation oder Wirkung der Person noch weiter steigern kann.

Ein Beispiel:
Positiver Punkt am Anfang: Die Schwächen von Lisas Idee, die du gerade im Meeting aufgezeigt hast, hast du richtig erkannt. Ich bin froh, dass jemand diese Bedenken geäußert hat.

Negativer Punkt in der Mitte: Es schien aber, als hätte Lisa es nicht als konstruktiv empfunden, da sie sich danach ganz aus der Diskussion zurückgezogen hatte. Mir ist aufgefallen, dass du sie mehrmals unterbrochen hast. Das könnte dazu geführt haben, dass sie sich zurückgezogen hat.

Positiver Punkt am Ende: Ich denke, dass deine kritischen Gedanken sonst auch vom Team als Beitrag geschätzt werden, da sie die Diskussion oft in die richtige Richtung lenken.

Das kritische Feedback zu einem Booster machen: In dieser Situation hätte dies noch mehr bewirkt, wenn du Lisa ihre Präsentation erst hättest beenden lassen können, bevor du deine Kritik geäußert hast. So hätte sich Lisa vielleicht auch stärker in die anschließende Diskussion eingebracht und mehr Hintergrund vermitteln können.

»Existieren bedeutet verändern, verändern bedeutet reifen, reifen bedeutet, sich endlos weiter zu erschaffen.«

Henri L. Bergson (1859–1941), französischer Philosoph (übersetzt)

7.6 Praktische Hacks zum gemeinsamen Lernen und Wachsen

Kollaboration um zu lernen und zu wachsen für jede(n) Einzelne(n)

Checkliste

- ❏ Reflektieren und Teilen sind die Basis für das Lernen und Wachsen der Organisation und das fängt mit dir an;
- ❏ reflektierst du bewusst, was du gelernt hast (über dich, das Team oder die Sache), und teilst deine Einsichten mit anderen? Retrospektiven, aber auch informeller Austausch eignen sich gut.
- ❏ Denkst du darüber nach und teilst, was dir geholfen hat, dorthin zu kommen, wo du heute bist?
- ❏ Reflektierst du nach jedem Fehler oder Scheitern, um sie nachzuvollziehen und daraus zu lernen? Machst du dies transparent für andere?
- ❏ Ermutige andere zu reflektieren, indem du sie nach ihrer Perspektive fragst und danach, was sie beobachtet oder gelernt haben;
- ❏ andere einfach in Diskussionen darüber einzubinden, was gut, was weniger gut lief und was gelernt werden kann, macht bereits einen großen Unterschied in der Kultur einer Organisation;
- ❏ baue aktiv Prozesse des Reflektierens und Lernens auf und/oder führe Zeremonien ein, die es unterstützen.

Lebenslanges Lernen ist ein Thema für alle. Betrachte deine Optionen und Interessen:

- ❏ Suchst du aktiv nach Möglichkeiten, etwas Neues zu lernen?
- ❏ Wo siehst du Möglichkeiten, von anderen zu lernen?
- ❏ Über welche Bereiche der Organisation würdest du gerne mehr erfahren, durch einen Besuch oder von den Erfahrungen der dortigen Kollegen(inn)en? Wie lässt sich das organisieren?
- ❏ Über welches Thema, welche Methode oder Technologie würdest du gerne mehr erfahren? Teile, was du gelernt hast, mit anderen oder bringe es anderen bei;
- ❏ gibt es eine formelle Aus- oder Weiterbildung oder Zertifizierung, die dich interessiert?
- ❏ Welche internen Lern- und Entwicklungsangebote könnten einen Nutzen haben – für deine aktuelle Rolle oder mögliche zukünftige Rollen?

Betrachte immer drei Lernbereiche:

1. Vertiefen und Erweitern von Fertigkeiten und Wissen (zum Beispiel Methodenwissen, Fachkenntnisse),

2. Entwickeln der Persönlichkeit (zum Beispiel die eigenen Stärken kennen und wirksamer machen),

3. Erlernen und Entwickeln von Kompetenzen (zum Beispiel Führungs-, soziale, Netzwerkkompetenz).

Von anderen zu lernen ist nicht nur effektiv, sondern fördert eine Kultur der Wertschätzung, Offenheit und psychologischer Sicherheit, in der dann der Fokus auf Verbesserung und Fortschritt liegt.

❑ fragst du andere nach Feedback? Wann hast du das letzte Mal Kolleg(inn)en, Stakeholder oder Mitarbeitende nach Feedback gefragt? Es sollte nicht länger als eine Woche her sein;

❑ Fragst du andere nach Rat dazu, wo und wie du dich verbessern kannst?

❑ Hast du einen Sparringspartner, mit dem du Erfahrungen, Feedback und Ideen rund um deine Arbeit teilen kannst?

❑ Suchst du nach einem/einer Mentor(in) oder Lernpartner(in)?

❑ Hast du ein oder mehrere Vorbilder identifiziert und was genau du von ihnen lernen möchtest?

❑ Bittest du andere, dir zu erzählen, wie sie etwas erreicht oder gelernt haben, das du bewunderst?

Andere in ihrer Entwicklung zu unterstützen kann eine sehr erfüllende Aufgabe sein, die sich für dich persönlich und für die Organisation auszahlt. Sich gegenseitig zur Verantwortung ziehen ist oft schwieriger – aber ebenso wichtig.

❑ Bietest du aktiv Feedback an, wenn dir etwas auffällt, von dem andere vielleicht profitieren können?

❑ Nimmst du an einem Mentoring oder Buddy-Programm teil?

❑ Hast du das Gefühl, andere, insbesondere auf höheren hierarchischen Ebenen, zu konfrontieren? Was könnte dir helfen?

Kollaboration um zu lernen und zu wachsen für jede(n) Einzelne(n)

Hacks

❑ Sprich offen über Fehler oder Scheitern und diskutiere, was daraus gelernt werden kann;

❑ frage dich routinemäßig nach jedem Misserfolg, was du daraus gelernt hast (über dich, das Team, die Sache);

❑ nimm dir nach jedem Meeting, Projekt oder jeder abgeschlossenen Aufgabe ein paar Minuten Zeit, um zu notieren, was du gelernt hast oder das nächste Mal anders angehen willst;

❑ vernetze dich, um zu wachsen – Möglichkeiten sind Lerngruppen, Interessengruppen, Mentorships, Peer-Learning, WOL-Kreise (siehe unten);

❑ frage andere nach Feedback; dies bietet wertvollen Input und formt gleichzeitig vertrauensvolle und unterstützende Beziehungen.

Kollaboration um zu lernen und zu wachsen für das Team/die Einheit/die Organisation

Checkliste

❑ Reflektiert das Team regelmäßig Fehler und Misserfolge zusammen?

❑ Wird Gelerntes (persönliches und team- oder aufgabenbezogenes) im Team regelmäßig geteilt?

❑ Gibt es teamübergreifende Reflexions-/Lernsitzungen?

❑ Gibt es Möglichkeiten, anonym Feedback zu übermitteln?

❑ Sprechen Führungskräfte offen über Misserfolge und Lernerfahrungen? Gibt es hierfür ein Format/Medium?

❑ Können sich alle sicher fühlen, scheitern zu können und über Misserfolge offen sprechen zu können?

Hacks

❑ Führe Problemlösetechniken als Standard nach Misserfolgen oder Fehlern ein, die eine Kultur der Schuldzuweisung in eine neugierige Lernkultur verwandeln (Beispiele: First Principle Thinking und siehe unten);

❑ stelle offene Initiativen, Projekte und Interessengruppen auf die Beine; öffne eine Plattform, auf der Mitarbeitende das Gleiche tun können.

Agile (und andere) Methoden/Tools

- ❏ Retrospektive,
- ❏ Fischgrätendiagramm,
- ❏ die fünf Warums,
- ❏ First Principle Thinking,
- ❏ Working Out Loud (WOL; John Stepper), ein freizugängliches Programm, das Netzwerken und lernfokussierten Austausch fördert – Mitarbeitende treffen sich in einem Kreis, eine Stunde pro Woche für zwölf Wochen, um an einem persönlichen, jobbezogenen Ziel zu arbeiten und sich dabei gegenseitig zu unterstützen; nutze idealerweise Themen der erwünschten Kultur;
- ❏ Mentorships, Buddy-Programme, Peer-Learning;
- ❏ Besuchs- oder Schattenoptionen, bei denen man beispielsweise einen Tag im Monat in einer anderen Abteilung mitlaufen kann, um dazuzulernen (über den Kontext der Arbeit oder die Art zu arbeiten, zum Beispiel wie zusammengearbeitet wird oder wie agile Methoden eingesetzt werden);
- ❏ interne oder offene Failure Nights, in denen Personen ihre größten Misserfolge präsentieren können und teilen können, was sie gelernt haben;
- ❏ Feedbackprozesse (360°- oder 180°-Feedbacktools; strukturierte Feedbacksammlungen).

8.
Agile Kultur mit dem TEC-Modell initiieren und entwickeln

Eine agile Kultur genau beschreiben zu können ist bereits ein großer Schritt nach vorne für erfolgreiches Wirken. Damit wird der fundamentalen Erkenntnis der Managementforschung entsprochen: Nur wenn wirklich klar ist, welche Zustände und Verhaltensweisen angestrebt werden, können sich Menschen daran ausrichten. Diese Ausrichtung wirkt wie ein Automatismus und hilft Menschen automatisch, die richtigen Schritte zu tun, um ihre Organisation wirklich agil und zukunftsfähig werden zu lassen. Der Wirkzusammenhang ist: Transparenz ist die Grundbedingung. Empowerment ist das Prinzip. Kollaboration ist das Mittel.

8.1 Agile Kultur braucht Gleichgewicht – Warnungen

Eine funktionierende agile Kultur braucht alle drei Elemente. Sie sind nicht austauschbar und ein Mangel in einem Element kann nicht durch ein anderes Element kompensiert werden. Eine Balance zwischen allen drei Elementen dagegen hilft, die unten dargestellten drei Fallstricke zu vermeiden.

Einzelkämpfer-Warnung

Hohe Transparenz, hohes Empowerment, niedrige Kollaboration.

In einem Unternehmen, das eine hohe Transparenz ermöglicht, können Menschen das Gesamtbild sehen und wie sie zum Erfolg beitragen können. Sie können erkennen, was das Richtige zu tun ist, und selbst herausfinden, wie sie dorthin gelangen. Dabei können sie Trends und Entwicklungen beobachten und Daten sammeln, die ihnen frühzeitig Hinweise auf eine Notwendigkeit der Kurskorrektur oder Anpassung geben. Man vertraut dem Unternehmen und fühlt sich geschätzt. Mit einem hohen Empowerment sind Mitarbeitende dann in der Lage und ermutigt, Dinge selbst in die Hand zu nehmen und Erfolg herbeizuführen. Arbeit ist erfüllend, da sie sehr selbstbestimmt ist – Menschen wird vertraut, sie werden ermutigt und befähigt, sich selbst zu führen.

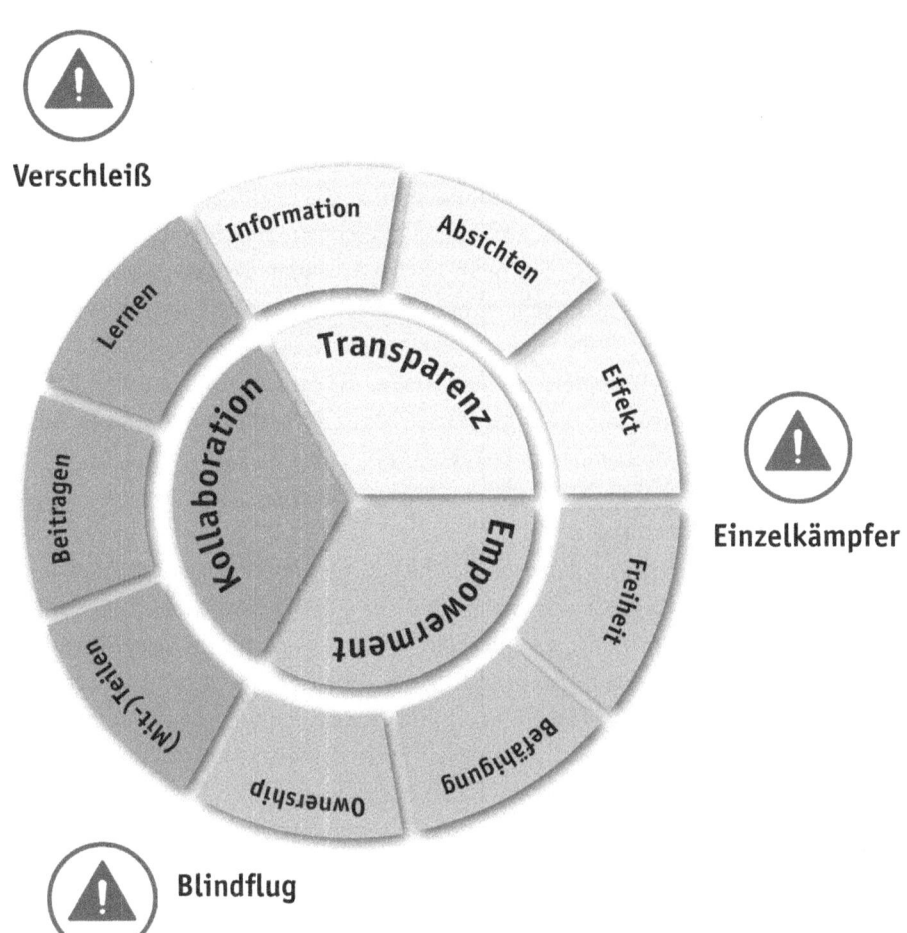

Verschleiß

Einzelkämpfer

Blindflug

Wenn es aber an Kollaboration mangelt, wird der Gesamterfolg des Unternehmens weit unter seinem Potenzial bleiben. Jeden Tag wird irgendwo das Rad neu erfunden, da es keinen Austausch gibt. Fehler werden wiederholt, da jeder für sich selbst lernen muss, wenn Erfahrungen nicht weitergegeben werden. Chancen bleiben entweder unentdeckt, da es keinen Austausch gibt, oder ungenutzt, da man nicht die richtigen Leute an Bord holen kann und Ressourcen nicht aktiviert werden können. Das Geschäft ist kostspielig und nicht sehr effektiv, da Synergien nicht genutzt werden.

Mit vielen Einzelkämpfern auf der Straße, die schnell reagieren und Erfolg vorantreiben, reagiert die Organisation als Ganzes jedoch nur langsam und ineffektiv durch mangelnde Kollaboration.

Blindflug-Warnung

Hohes Empowerment, hohe Kollaboration, niedrige Transparenz. Auf den ersten Blick wirkt es wie ein attraktiver Arbeitsplatz. Menschen haben Freiheit bei der Arbeit, sie sind befähigt und übernehmen Verantwortung (hohes Empowerment). In der gesamten Organisation herrscht ein ausgeprägter Teamgeist. Mitarbeitende fühlen sich verbunden und sind gut vernetzt, teilen und lernen gemeinsam (hohe Kollaboration). Menschen sind bestrebt, sich gegenseitig zu helfen, und sobald eine Idee geboren ist, sind einfach und schnell ein motiviertes Team und eine Gruppe von Unterstützern und Mitwirkenden gebildet und organisieren sich selbst, um die Arbeit gemeinsam zu erledigen.

Allerdings wird sich aufgrund von mangelnder Transparenz bald Misserfolg einstellen, da die im Team getroffenen Entscheidungen auf unzureichenden Daten und Informationen beruhen. Entscheidungen müssen ohne klare Orientierung und auf der Grundlage von Vermutungen anstelle von Daten überarbeitet werden. Da es keine klare Sicht zum Kunden und keinen Zugang zu Metriken zur Erfolgsmessung gibt, steuert sich das Team selbst, basierend auf Annahmen. Sobald das Team lieferbereit ist, könnte sich herausstellen, dass die ursprüngliche Idee nicht mehr vom Unternehmen unterstützt oder vom Kunden nicht mehr benötigt wird oder schlicht überholt ist.

Trotz eines hohen Maßes an Eigeninitiative und Zusammenarbeit erreichen die Ergebnisse nicht den erwarteten Erfolg. Fehlentscheidungen wirken sich auf die Produktivität und Motivation aus. Menschen haben keinen Zugriff auf die Informationen, die sie brauchen, um intelligente und innovative Ideen zu entwickeln, und keinen Zugang zu Echtzeitdaten, die Anpassungsbedarf anzeigen können. Resignation tötet den Unternehmergeist. Bei eingeschränkter Sicht passieren Unfälle – je schneller es voran geht, desto mehr Unfälle passieren. Die Bereitschaft, im Dunkeln die Initiative zu ergreifen, wird nachlassen. Der Teamgeist wird durch wachsendes Misstrauen untergraben, das durch einen unternehmensweiten Mangel an Transparenz verursacht wird.

Verschleiß-Warnung

Hohe Kollaboration, hohe Transparenz, niedriges Empowerment.
Ein Unternehmen, das teilt. Informationen und Daten werden offen ausgetauscht, ebenso wie Wissen, Erfahrungen und auch Ressourcen. Die hohe Transparenz fördert zusätzlich die hohe Kollaboration, da sie Vertrauen schafft. Es bestehen viele lohnende Kooperationsmöglichkeiten, da die Menschen Möglichkeiten sehen, Synergien zu nutzen und sich an verschiedenen Stellen einzubringen, um zur unternehmensweiten Wertschöpfung beizutragen. Eine Gelegenheit und Chance nach der anderen zeichnen sich ab.

Einzelne und Teams können kaum abwarten, loszulegen, und haben vielleicht sogar bereits ausgetüftelt, wie eine Chance oder Herausforderung angegangen, ein Risiko vermieden werden kann – sie haben auch bereits die richtigen Leute für den Job im Auge. Aufgrund mangelnden Empowerments können sie jedoch nichts davon umsetzen. Sie sind dazu nicht befugt. Menschen sehen, wo Unterstützung benötigt wird oder wo sie einen Unterschied machen könnten, haben aber nicht die Freiheit, die Zeit zu investieren oder entsprechende Maßnahmen zu ergreifen. Teams sehen jeden Tag, was sie verbessern könnten, um die Kundenbedürfnisse besser zu erfüllen, was sie anpassen könnten, um erfolgreicher zu sein, aber sie können nicht darauf reagieren. Mitarbeitende ziehen nicht einmal in Betracht, vorzuschlagen, das zu tun, was sie am besten können und woran sie am meisten Spaß haben, oder dass sie ihre Bemühungen in jene Aufgaben investieren könnten, die den größten Wert schaffen.

Die Organisation verwandelt sich in einen Ort des Konjunktivs – was sein könnte, was man tun könnte. In einen Arbeitsplatz, an dem Menschen durch Befehl und Kontrolle zum Vollstrecker reduziert werden. Es gibt keine Belohnung dafür, den eigenen Verstand einzusetzen oder die eigene Kreativität zu bemühen. Keine Belohnung für die Konzentration auf Möglichkeiten zur Wertschöpfung. Aber es gibt eine Konsequenz: Frustration. Die Menschen wissen, was zu tun ist, und wollen das Richtige tun, werden aber ausgebremst, gehindert. Der Motor läuft im ersten Gang bei angezogener Handbremse. Menschen brennen aus, Unternehmergeist versiegt.

8.2 Agile Kultur initiieren und leben

Agile Kultur geht nur gemeinsam

Sie haben nun den Schlüssel in der Hand, um Unternehmenskultur auf einem neuen Level zu gestalten. Wie können Sie nun ansetzen? Wo soll man beginnen? Jeder kann dort beginnen, wo er Einfluss nehmen kann. Agilität herzustellen lohnt sich. Das Schaffen und das Pflegen einer agilen Kultur ist die wichtigste strategische Aufgabe, der sich Organisationen heute zu stellen haben. Es lohnt sich für die eigene Organisation zu definieren, wie sich konkret Transparenz, Empowerment und Kollaboration gestalten sollen. Eine gemeinsame Aufgabe, denn alleine dadurch entsteht Sinn und Zukunftssicherheit.

Nutzen Sie also das erste Kapitel, um agile Kultur für sich fassbar zu machen. Nur so können Sie an Ihrem Stellhebel für den Wandel ansetzen. Kultur darf aber nicht isoliert betrachtet werden. Daher sind im ersten Kapitel die Bedingungen für Agilität in einem größeren Rahmen herausgearbeitet. Diesen gilt es bei allem Fokus auf die Kultur im Auge zu behalten.

Im zweiten Kapitel ist tabellarisch zusammengefasst, welche psychologischen Erkenntnisse zu Organisationskultur als Arbeitsgrundlage für Veränderung berücksichtigt werden sollten. Die Logik lässt sich auf jeder Ebene anwenden, auch auf Team- oder Abteilungsebene. Es geht darum, zu reflektieren, inwieweit die Kultur in der Organisation deren aktuellen Erfolg und Zukunftsfähigkeit unterstützt und antreibt. Hierfür finden sich zahlreiche Tipps im zweiten Kapitel.

Wie eine Kultur sich verändert, sich verändern lässt, wächst, ist im zweiten und dritten Kapitel beschrieben. Zu Beginn jedes Kulturwandelvorhabens sollten die sechs Bedingungen für kulturelle Veränderung aus dem Kapitel betrachtet und geprüft werden. Stellen Sie sich selbst und allen Beteiligten die vier dort aufgeführten Fragen. Dabei ist dies kein Wettbewerb, wer zuerst die meisten Antworten hat, sondern ein gemeinsamer Arbeitsauftrag. Kulturentwicklung beginnt mit dem Stellen von Fragen, mit Reflexion.

Aber einen Funken braucht es – wie man diesen zündet, ist im gleichen Kapitel erläutert. Bei der konkreten Planung und Umsetzung helfen die ausgewerteten Praxiserfahrungen und die Tipps im dritten Kapitel.

Kulturwandel muss bewusst angegangen werden und mit zukunftsweisenden und konkreten Absichten. Hierfür sind Nutzen und Notwendigkeit jedes Kulturelementes einzeln herausgearbeitet und veranschaulicht. Um das Tappen in Fallen zu vermeiden, sind die verschiedenen Fallstricke aufgeführt.

Und hier ist der Schlüssel: Der Code agiler Kultur ist anhand der Analyse agiler Organisationen und solcher, die sich im Wandel befinden, auf psychologischer Grundlage entziffert. Durch das resultierende TEC-Modell ist Transformation nicht länger ein Weg ins unbekannte Kulturfahrwasser, sondern kann einer Landkarte folgen.

Jedes Unternehmen muss seine Kultur selbst erarbeiten, doch sollte dabei blinde Flecken vermeiden, ganzheitlich denken und die der agilen Kultur inneliegende Logik beachten. Das TEC-Modell ist dabei Trampelpfad für die eigene Kulturentwicklung.

Hacks für den eigenen Kulturwandel

Jede Kulturentwicklung braucht einen Menschen oder einen Kopf, der den Stein ins Rollen bringt. In Veränderungen beobachtet man immer wieder, dass Transformationen oft dann besonders gut gelingen, wenn die Initiatoren Menschen waren, die sehr viel Wert auf die eigene Selbstentwicklung gelegt haben. Auch die Entwicklung einer ganzen Organisation ist letztlich zwar mehr als die Summe seiner Teile – Menschen, die sich selbst entwickeln, beeinflussen aber gleichzeitig das System, in dem sie sich befinden. Bei sich selbst anzufangen ist daher ein effektiver Ansatz, den zudem jeder umsetzen kann.

Selbstentwicklung ist so eine wichtige Basis für den Kulturwandel. Hacks zum eigenen Mindset und zur Arbeit mit anderen sind daher als ein Einstieg zu verstehen. Sie wollen mögliche Lösungswege zu mehr Wirksamkeit in der Arbeit an uns selbst, mit anderen Menschen und der Arbeit in und an Systemen skizzieren.

Die erste Box unten bietet einen Reflexionsleitfaden und will helfen, die eigene Position besser zu erfassen und Ansätze zur Entwicklung zu finden. Die zweite, eine Sammlung von Hacks, zielt auf die Frage, wie ich bei anderen und im und am System mehr bewirken kann, und zwar mit speziellem Fokus auf den Kulturwandel einer Organisation.

Hacke dich selbst!

Wenn wir mit neuen kulturellen Normen konfrontiert sind, muss jeder seinen eigenen Weg finden, sich in der neuen Kultur zurechtzufinden und Teil von ihr zu werden. Die folgenden Fragen können dabei helfen.

Es braucht die Auseinandersetzung mit jedem Kulturelement und mit den Verhaltensweisen, die damit assoziiert sind.

Stärken stärken und ausbauen:

- Wo unterstützt die Kultur meine eigenen Präferenzen?
- Was passt zu meinen Stärken?
- Für welchen Aspekt könnte ich ein gutes Beispiel sein? Wie kann ich das sichtbarer machen?

Versteckte Stärken und Potenziale entdecken:

- Was gibt es, dass ich eigentlich immer schon (so) machen wollte, das zu der neuen Kultur passt?
- Welche Aspekte kann ich aufgreifen, um mit meiner Arbeit noch erfolgreicher zu sein und eine größere Wirkung zu erreichen?
- Welche Aspekte kann ich zu meinem Vorteil nutzen?
- Wo zeige ich die erwünschten Verhaltensweisen schon (vielleicht außerhalb der Arbeit)? Und wie kann ich von dieser Erfahrung profitieren?

Alternativen für nicht mehr erwünschtes Verhalten finden:

- Welche Aspekte in meiner Arbeitsweise vertragen sich nicht mit den neuen Erwartungen? Wie könnte ich alternativ vorgehen?
- Welche Aspekte der neuen Kultur liegen mir einfach nicht? Warum sind diese für den Firmenerfolg wichtig?

Was könnte mir helfen, mich daran anzupassen? Welche alternativen Wege könnte ich gehen, um gleichermaßen ans Ziel zu gelangen?

Zu meinen Verhaltensweisen, die nicht mit den neuen Prinzipien einhergehen: Warum zeige ich sie, was will ich mit ihnen erreichen? Durch was könnte ich sie ersetzen? Brauche ich sie unter den neuen Umständen überhaupt noch?

Sich die neue Kultur zu eigen machen

Für jene Prinzipien, die mir ohnehin liegen:

- Wie kann ich darauf aufbauen und ihnen in meiner Arbeit mehr Raum geben?
- Wie kann ich meine Erfahrung/meine Stärken nutzen, um das Prinzip in meinem Bereich stärker zu verankern und zu leben?
- Welche Ideen oder Tipps könnte ich hier beitragen? Wer könnte davon profitieren?
- Wem könnte ich helfen, wen könnte ich mentoren?

Für jene Aspekte, die mir neu sind und für mich eine Veränderung im Denken oder Verhalten erfordern:

- Wie könnte ich mich an das Prinzip halten, ohne mich zu verbiegen?
- Welche Verhaltensweisen, die mit diesem Prinzip verbunden sind, liegen mir eher?
- Wie kann ich kompensieren, wenn ich wenig in Bezug auf ein bestimmtes Prinzip zeige?

Sobald Sie die Startschuhe für eine erfolgreiche Transformation angezogen haben, geht es daran, sich zu positionieren und ans Steuer zu setzen. Der folgende Kasten bietet Ideen.

Symbolisch handeln

- Nutze Visualisierungen der neuen Prinzipien (Poster am Schreibtisch aufhängen, eine Karte aufstellen, auf ein Whiteboard schreiben, als Bildschirmschoner verwenden);
- passe gegebenenfalls den Dresscode an, fange an, Kleider freier zu wählen;
- verändere Wortwahl und Ausdrücke, denn Ausdrücke tragen versteckte Bedeutungen. Neue Worte verleihen neue Bedeutung. Beispiele:
- aufhören, von »Ressourcen« zu sprechen, wenn es um Menschen geht;
- aufhören, von »Top« und »Bottom« der Organisation zu sprechen und stattdessen andere Beschreibungen wählen, wie Zentrum und Peripherie oder Worte, die die Organisation als eine Gemeinschaft beschreiben;
- verändere das Office-Design oder die Sitzanordnung oder verändere den Arbeitsort (temporär oder dauerhaft) – sitze beispielsweise näher beim Team, bei Projektmitgliedern oder in einer Abteilung, zu der eine engere Verbindung gewünscht ist;
- nutze Informationsradiatoren (zum Beispiel ein Kanban Board) um Arbeit sichtbar zu machen und spontane Interaktionen zu fördern.

Involvieren

- Initiiere Diskussionen zur Bedeutung der neuen kulturellen Orientierung für Zusammenarbeit, Führung und Teamarbeit;
- hinterfrage offene Ziele, Projekte oder Initiativen durch den Abgleich mit den Prinzipien;
- frage nach Feedback – wo sehen andere Stärken und wo Entwicklungsfelder hinsichtlich der neuen Erwartungen?

Teilen

- Teile Gedanken zu den neuen Prinzipien mit: Wo siehst du die größten Potenziale, was leuchtet dir noch nicht so ganz ein?
- Teile Beobachtungen mit (was passiert bereits so? Was verändert sich bereits?). Dies ist alles andere als trivial, da wir oft völlig aus den Augen verlieren, was eigentlich schon immer so lief. Agile Aspekte lassen sich fast in jeder Arbeit erkennen. Fast jeder zeigt agile Ansätze in persönlichen Arbeitsweisen. Dies gilt es, hervorzuheben.
- Teile Erfahrungen (was waren die Erfahrungen mit einer neuen Herangehensweise an ein Thema?).

Vorleben

- Gehe Probleme anders an; nimm das größte, nervigste Problem und löse es – auf neue Art und Weise;
- verändere dein Verhalten gegenüber einem Kollegen oder reagiere anders in bestimmten Situationen (zum Beispiel wertschätzen, nach Rat fragen);
- lebe die Verhaltensweisen, die die Kultur unterstützen, vor (siehe das TEC-Modell für Ideen).

Initiieren

- Mache Vorschläge aus der agilen Methodenkiste, zum Beispiel Delegation Poker für das Team – das ist eine verspielte Art, ein besseres Gleichgewicht für die Machtverteilung zwischen Team und Führungskraft zu finden, indem Selbstmanagement erprobt wird;
- schlage das Thema Kultur als festen Agendapunkt für das Teammeeting vor, um Veränderungen zu reflektieren und Ziele und Maßnahmen regelmäßig nachzuverfolgen;
- fange einen Blog an, in dem du Gedanken und Erfahrungen rund um das Thema Kultur beschreibst und lade andere ein, etwas beizutragen.

Denen, die an mehr Hacks für die eigene Persönlichkeit interessiert sind, ist das Buch *Agiles Führen – Führungskompetenzen für die agile Transformation* (Puckett/Neubauer 2018) zu empfehlen. Dort ist sehr umfassend dargestellt, welche Parameter der eigenen Persönlichkeit relevant für agiles Arbeiten sind und wie auch an den dunklen Seiten der eigenen Person gearbeitet werden kann.

Eine agile Kultur zu leben ist – alles in allem – nicht allzu schwierig. Sie entspricht dem gesunden Menschenverstand.

- Sei transparent, indem du teilst und Informationen, Ergebnisse und Entwicklungen transparent machst;
- ergreife Initiative und nehme Dinge in die Hand – empowere andere, nach Wertgenerierung zu streben;
- kollaboriere und bringe dich ein, um gemeinsam voranzukommen, auch durch ständiges Reflektieren, Lernen und Verbessern.

Es geht darum, eine agile Kultur zu schaffen, eine Kultur, die Agilität organisationsweit ermöglicht, unterstützt und fördert.

Dabei geht es nicht ohne den Einzelnen. Und nicht ohne Mut.

Dabei gilt es, agil vorzugehen. Im Zentrum steht der Mensch. Schritt für Schritt, erkunden, ausprobieren, reflektieren und anpassen.

Und wieder von vorne.

Quellen

American Management Association (2019). Breaking out of silos. AMA Articles. Veröffentlicht: 24. Januar 2019. www.amanet.org. Zugriff: 20. Mai 2019.

Ancona, D. & Isaacs, K. (2019). How to give your team the right amount of autonomy. Harvard Business Review. Veröffentlicht: 11. Juli 2019. hbr.org. Zugriff: 04. April 2019.

Aronowitz, S., De Smet, A. & McGinty, D. (2015). Getting organizational redesign right. McKinsey Quarterly, Juni.

Basford, T. & Schaninger, B. (2016). The four building blocks of change. McKinsey Quarterly, April.

Blanc, S. (2019). How to evolve your company into a self-learning organization. Forbes. 3. Mai 2019. www.forbes.com. Zugriff: 20. Mai 2019.

Bock, L. (2015). Work Rules!: Insights from inside Google that will transform how you live and lead. New York: Twelve.

Bort, J. (2016). A Netflix exec explains the simple but painful process that allows the company to thrive. Business Insider Deutschland. Veröffentlicht: 27. September 2016. www.businessinsider.de. Zugriff: 4. Januar 2019.

Brosseau, D., Ebrahim, S., Handscomb, C. & Thaker, S. (2019). Accessed Februar 2019. The journey to an agile organization. McKinsey & company. Mai 2019.

Burt, R. S. (1995). Structural Holes: The social structure of competition. Cambridge, MA: Harvard University Press.

Cable, D. (2018). Alive at Work: The Neuroscience of Helping Your People Love What They Do. Harvard Business Review Press.

Cable, D. (2018). Why people lose motivation – and what managers can do to help. Harvard Business Review, March.

Cadieux, S. & Heyn, M., of McKinsey & Company, 2018. The journey to an agile organization at Zalando. www.McKinsey.com. Zugriff: 04. April 2019.

Capgemini Consulting (2017). Agile + Congruent 0 Healthy Operating Model. The right formula for successful organizations in a digital world. München: Capgemini Consulting.

Chamorro-Premuzic, T. (2019). Why Do So Many Incompetent Men Become Leaders? (And How to Fix It). Harvard Business Review Press.

Cisco Enterprise Collaboration Horizons Study, 2011.

Denning, S. (2018). Ten Keys To Launching An Agile Transformation In A Large Firm. Forbes. Veröffentlicht: 26. Februar 2018. forbes.com. Zugriff: 4. April 2019.

D'Onfro, J. (2015). The truth about Google`s famous 20% time policy. Business Insider. Veröffentlicht: 17. April 2015.

Economist Intelligence Unit (2009). Organizational agility: how business can survive and thrive in turbulent times. www.emc.com/collateral/leadership/organisational-agility-230309.pdf

Egon Zehnder (2019). In conversation with Ed Schein - Let`s get to know each other! Veröffentlicht: 9. Juli 2019. egonzehnder.com. Zugriff: 12. Juli 2019.

Evert, H., Gribnitz, R.& Seidel, H. (2013). Wir machen Verlust – bei Amazon war das auch so". Welt. Veröffentlicht: 18. Januar 2013. www.welt.de. Zugriff: 3. April 2019.

F.A.Z. Lieber mehr Urlaub als mehr Geld. Veröffentlicht: 9. Juli 2017. www.faz.net. Zugriff: 15. November 2018.

First Round Review (2019). How This Head of Engineering Boosted Transparency at Instagram.

Fischer, B. (2014). Unlock Employee Innovation That Fits With Your Strategy. Harvard Business Review. Veröffentlicht: 27. Oktober 2014.

Gallo, C. (2019). How A Luxury Brand Spends 10 Minutes A Day To Create Five-Star Service. Veröffentlicht: 14. März 2019. Forbes.com. Zugriff: 16. März 2019.

Halliwell, L. (2008). The Agile Disease. Veröffentlicht: 16. November 2008. https://lukehalliwell.wordpress.com/2008/11/16/the-agile-disease/. Zugriff: 5. Januar 2019.

Hamel, G. (2010). Innovation Democracy: W.L. Gore's Original Management Model. Management Innovation eXchange. Veröffentlicht: 23. September 2010. https://www.managementexchange.com/story/innovation-democracy-wl-gores-original-management-model. Zugriff: 8. Dezember 2018.

Hamel, G. (2011). First, let`s fire all the managers. Harvard Business Review, Dezember.

Hamel, G. (2014a). The Core Incompetencies Of The Corporation. Harvard Business Review. Veröffentlicht: 31. Oktober 2014.

Hamel, G. (2014b). Bureaucracy Must Die. Harvard Business Review. Veröffentlicht: 4. November 2014.

Hinks, G. (2018). Culture at heart: Steven Baert, Novartis. Board Agenda. boardagenda.com. Veröffentlicht: 21. Mai 2018. Zugriff: 22. Dezember 2018.

Hoffmeyer, M. (2019). Zettel, die von links nach rechts wandern. Süddeutsche.de. Veröffentlicht: 11. Mai 2019. www.sueddeutsche.de. Zugriff: 12. Mai 2019.

Hornung, S. (2019). Bei Conti gilt: "Freedom to act". Personalmagazin 01-2019.

Joiner, B. (2018). Leadership Agility for Strategic Agility. In: Prange, C. & Heracleous, L. (2018). Agility.X. How Organizations Thrive in Unpredictable Times. Cambridge University Press. S. 17 - 31.

Keppler, Ina (2018). "Agiles Arbeiten in autonomen Teams: Was wir von Zalando lernen können. blog.wirtschaftsfoerderung-dortmund.de. Veröffentlicht: 22. Juni 2018. https://blog.wirtschaftsfoerderung-dortmund.de/2018-06/agiles-arbeiten-autonomen-teams-was-wir-von-zalando-lernen-koennen-0. Zugriff: 4. Januar 2019.

Kimes, M. What admired firms don`t have in common. Fortune. Veröffentlicht: 6. März 2009. archive.fortune.com. Zugriff: 04. April 2019.

King, A. S. (1971). Self-fulfilling prophecies in training the hard-core: Supervisors` expectations and the underprivileged workers` performance. Social Science Quarterly. S. 369-378.

Klovert, H. (2019). Was Chefs von oben entscheiden, bewirkt oft wenig. Interview with Frédéric Laloux. Karriere Spiegel. Veröffentlicht: 27. März 2019. http://www.spiegel.de/karriere/new-work-experte-frederic-laloux-was-chefs-von-oben-entscheiden-bewirkt-oft-wenig-a-1256965.html. Zugriff: 6. April 2019.

Kolind, L. & Botter, J. (2012). Unboss. Jyllands-Postens Forlag.

Laloux, F. (2014). Reinventing Organizations: A Guide to Creating Organizations Inspired by the Next Stage in Human Consciousness. Nelson Parker.

Lickman, C. (2016). Humanity over bureaucracy: New models of care, by Alieke Van Dijken. 2016 Transforming the Public Sector Conference. Veröffentlicht: 27. Juni 2016. www.happymanifesto.com Zugriff: 16. Januar 2019.

Lorenz, C. (2018). DGFP Interview. „Überall poppen Teams hoch, die Dinge ausprobieren und anders machen."

Loucks, J., Macaulay, J., Noronha, A & Wade, M. (2016a). Digital Vortex. How Today's Market Leaders Can Beat Disruptive Competitors at Their Own Game. Plano/Texas: DBT Center Press.

Loucks, J., Macaulay, J., Noronha, A & Wade, M. (2016b). Workforce Transformation in the Digital Vortex. Connected Futures. Veröffentlicht: April 2016.

Markides, C., Oyon, D. & Schnegg, M. (2018). Using Management Control Systems to Support Agility. In: Prange, C. & Heracleous, L. (Ed.). Agility.X. How Organizations Thrive in Unpredictable Times. Cambridge University Press. S. 85-98.

McKinsey (2017). How to create an agile organization. October 2017 Survey.

Moore, K. (2012). Employees First, Customers Second. Why it really works in the market. Forbes. Veröffentlicht: 14. Mai 2012.

Nayar, V. (2010). Employees First, Customers Second: Turning Conventional Management Upside Down. Harvard Business Review Press.

Nayar, V. (2014). 3 Traps That Block Corporate Transformation. Harvard Business Review. Veröffentlicht: 5. November 2014.

Netflix culture deck. https://jobs.netflix.com/culture. Zugriff: 16. Januar 2019. Vorgängerversion: https://www.slideshare.net/reed2001/culture-1798664. Zugriff: 16. Januar 2019.

Neuhauser, R. (2018). Reimaging organizational structures for the age of unpredictability. Medium. Veröffentlicht: 31. Oktober 2018.

O`Malley, S. (2017). Issue: Paid Leave. Short Article: More Companies Offering Unlimited Time Off. SAGE businessresearcher. Veröffentlicht: 8. Mai 2017. businessresearcher.sagepub.com. Zugriff: 12. November 2018.

Peter, L. J. & Hull, R. (1969). The Peter Principle. William Morrow & Co Inc.

Ramge, T. (2015). Nicht fragen. Machen. brand eins magazine. Interview with Daniel Ek, founder and CEO of Spotify. https://www.brandeins.de/magazine/brand-eins-wirtschaftsmagazin/2015/fuehrung/nicht-fragen-machen Zugriff: 20. September 2017.

Reason Foundation (2012). "I, Tomato: Morning Star's Radical Approach to Management". ReasonTV. Reason Foundation. Veröffentlicht: 27. Dezember 2012.

Rice, J. G. (2017). How GE is becoming a truly global network. Commentary in McKinsey Quarterly, April.

Rosenthal, R. & Babad, E. Y. (1985). The Pygmalion Effect in the Gymnasium. Educational Leadership, September.

Rosenthal, R. & Jacobson, L. (1968). Pygmalion in the Classroom: Teacher Expectation and Pupils' Intellectual Development. New York: Holt, Rinehart & Winston.

Rossmann, J. (2019). Think Like Amazon: 50 1/2 Ideas to Become a Digital Leader. McGraw-Hill Education.

Rozovsky, J. Five keys to a successful Google team. re:Work, Veröffentlicht: 17. November 2015. https://rework.withgoogle.com/blog/five-keys-to-a-successful-google-team/. Zugriff: Januar 2017.

Schaubroeck, R., Holsztejn Tarczewski, F. & Theunissen, R. (2016). Making collaboration across functions a reality. McKinsey Quarterly, März.

Schein, E. H. (1984). Coming to a New Awareness of Organizational Culture. Sloan Management Review.

Schulze, H. (2019). Excellence Wins: A No-Nonsense Guide to Becoming the Best in a World of Compromise. Grand Rapids, MI: Zondervan.

SD Learning Consortium (2016). The entrepreneurial organization at Scale. Report of the SD Learning Consortium. Veröffentlicht: 9. November 2016. www.sdlearningconsortium.org. Zugriff: 10. Januar 2019.

SD Learning Consortium (2018). 2017 report of the SD Learning Consortium. www.sdlearningconsortium.org. Zugriff: 10. Januar 2019.

Stenovec, T. for the Huffingtonpost (2015). One Reason For Netflix's Success — It Treats Employees Like Grownups. Huffingtonpost. Veröffentlicht: 27. Februar 2015, aktualisiert: 6. Dezember 2017. Zugriff: 17. Januar 2019.

Stepper, J. (2015). Working Out Loud: For a better career and life. Ikigai Press.

Stewart, H. (2012). The Happy Manifesto - Make your organisation a great place to work - now! Great Britain: By Happy.

Stewart, H. (2019). How We Transformed Happy from a £180k Loss to a £165k Profit in One Year. Veröffentlicht: 9. Januar 9 2019. www.happy.co.uk. Zugriff 18. Februar 2019.

Stross, R. (2008). Planet Google. New York: Simon & Schuster Ome (1747).

Tuckman, B. W. (1965). Developmental sequences in small groups. Psychological Bulletin 63. S. 348-399.

Tuckman, B. W. & Jensen, M. A. (1977): Stages of small-group development revisited. In: Group and Organization Studies. 2 (4). S. 419–427.

Valdes-Dapena, C. (2018). Stop Wasting Money on Team Building. Harvard Business Review. Veröffentlicht: 11. September 2018. Zugriff: 2. Februar 2019.

Wade, M. R., Tarling, A. & Neubauer, R. M. (2017). Redefining Leadership for a Digital Age.

Weck, A. (2018). Recruiting ist Chefsache? Nicht bei Sipgate. Im „On the Way to New Work"-Podcast erklärt Gründer Tim Mois, warum es absurd ist, dass Manager neue Mitarbeiter einstellen. t3n digital pioneers. Veröffentlicht: 4. April 2018. Zugriff: 25. Februar 2019.

Zak, P. J. (2017). The Neuroscience of Trust. Harvard Business Review, Januar-Februar 2017. S.84–90.

THE AGILE CULTURE CODE

Dr. Stefanie Puckett
THE AGILE CULTURE CODE
A guide to organizational agility
1. Auflage 2020

252 Seiten; Broschur; 34,95 Euro
ISBN 978-3-86980-525-2; Art.-Nr.: 1098

It is an organization's culture that provides the biggest challenge and at the same time, the biggest lever to form an agile organization.

So how can we grasp the concept of organizational culture in an actionable way? What is the essence of an agile culture? What are the elements? How is this culture formed and developed? Where are the levers and pitfalls? What does work hands-on?

Puckett's book delivers answers to those questions and explains how organizational culture can be created and formed. Insights from organizational psychology are translates into practical advice. Based on analysis of agile organizations and those in transition, the agile culture code is decoded. The core elements of agile organizational cultures are defined and elaborated. The book is filled with field-proven culture hacks, tips, tools and methods, and illustrated with many examples.

Puckett provides a new perspective on organizational culture. For it is in our hands to shape the culture: As individual, as team, as leader. We are organizational culture.

This atlas invites to experiment and create, and shows how organizations can master the agile transformation.

Agiles Führen

Stefanie Puckett, Rainer M. Neubauer
Agiles Führen
Führungskompetenzen für die agile Transformation
1. Auflage 2018

320 Seiten; Broschur; 29,95 Euro
ISBN 978-3-86980-433-0; Art.-Nr.: 1053

Agiles Führen gilt als das Wundermittel schlechthin. Kaum eine Führungskraft kommt an dem Thema vorbei. Dennoch ist dieses Thema vielerorts nicht mehr als ein Schlagwort. Leider – denn agiles Führen kann sich jede Führungskraft aneignen und anwenden.

Was bedeutet agiles Führen im Kontext der digitalen Transformation? Wie verändert sie die Führungsaufgabe? Wie entwickelt man eigentlich agile Führungskompetenz im Alltag? Und wie wird man zum agilen Change Manager?

Neubauers und Pucketts Buch gibt Antworten auf diese Fragen. Es wirft einen Blick unter die Oberfläche und zeigt, welche Kompetenzen und Persönlichkeitseigenschaften agile Führungskräfte auszeichnen. Dabei hat es beide Seiten im Blick. Denn agile Führung muss authentisch sein und scheitert allzu oft am Widerstand der Mitarbeiter. Pragmatisch zeigt das Buch, wie sich diese Widerstände auflösen lassen und die Transformation der Organisation gelingt.

Auf Basis jahrzehntelanger Arbeit mit Führungskräften und eines wissenschaftlich untermauerten verhaltensorientierten Kompetenzmodells ist dieses Buch entstanden. Es lenkt den Blick darauf, wie wir mit agiler Führung unsere vorhandenen Stärken, Kompetenzen und Erfahrungen zukunftsfähig machen.

Die intelligente Organisation

Mark Lambertz
Die intelligente Organisation
Das Playbook für organisatorische Komplexität
2. Auflage 2019

286 Seiten; Broschur; 24,95 Euro
ISBN 978-3-86980-409-5; Art.-Nr.: 1036

In Zeiten zunehmender Dynamik erkennen immer mehr Unternehmen, dass das tayloristische »Command & Control« nicht mehr funktioniert. Auch die Reduktion auf Teal Organisations oder Holokratie und andere Kochrezepte bringen keineswegs die erhofften Erfolge. Wir müssen erkennen, dass wir in komplexen Systemen agieren, nicht alles wissen und nicht alles in unserem Sinn steuern können.

Doch wie können wir den Herausforderungen komplexer Systeme dann begegnen? Wie entwickeln wir ein Gesamtkonstrukt, das es erlaubt, das große Ganze zu sehen und uns nicht in punktuellen Einzelmaßnahmen zu verlieren? Lambertz' neues Buch gibt Antworten auf genau diese Fragen. Es liefert eine vollkommen neue Sichtweise auf Organisationen, die es ermöglicht, Normen, Strategie, Taktiken und Wertschöpfung im Zusammenhang zu verstehen. Denn erst daraus lassen sich die Fähigkeiten des Unternehmens identifizieren und bestmöglich entfalten: Die Symbiose von notwendiger Selbstorganisation mit ebenso notwendiger Führung.

Lambertz Neuinterpretation des Viable System Model lädt in Form eines Playbooks zum Mitdenken und Experimentieren ein und zeigt an vielen Praxisbeispielen, wie man sein eigenes Modell für die jeweilige konkrete Situation erstellt.

Das Denkwerkzeug für die Organisationsentwicklung.

Agile Evolution

Marko Lasnia, Valentin Nowotny
Agile Evolution
Eine Anleitung zur agilen Transformation
1. Auflage 2018

304 Seiten; Broschur; 29,95 Euro
ISBN 978-3-86980-411-8; Art.-Nr.: 1037

Agilität steht auf der Floskelliste eines jeden Unternehmens. Doch es lohnt sich diese Worthülse mit Leben zu füllen. Denn agile Unternehmen verdienen mehr, haben höhere Margen und sind attraktivere Arbeitgeber.

Aber wie haucht man Unternehmen Agilität ein? Wie bewegt man eine ganze Organisation zum Umdenken? Wie lassen sich verkrustete Strukturen, starre Prozesse und Abteilungsdenken überwinden? Wie schaffen es Unternehmen, mit Blockbuster-Angeboten und neuen Dienstleistungen ganz vorne zu sein?

Antworten darauf liefert das neue Buch von Valentin Nowotny und Marko Lasnia. Es zeigt alle wichtigen agilen Methoden, Frameworks und Praktiken wie Design Thinking, Canvas, Scrum, Backlog, Roadmaps, Kanban Boards, Sprints, Reviews und Retrospektiven – allerdings aus der Non-IT-Perspektive. Denn erst so werden diese erprobten Methoden für jedes Unternehmen anwendbar.

Dieses Buch liefert ein lebendiges und einzigartiges Anschauungsbeispiel, wie in einem agilen Evolutionsprozess innovative Dienstleistungen und Produkte entstehen.

Agile Teamarbeit

Christian Polz
Agile Teamarbeit
Mit menschlich-agilem Leadership Teams und
Unternehmen erfolgreich in die Zukunft führen
1. Auflage 2019

240 Seiten; Broschur; 24,95 Euro
ISBN 978-3-86980-466-8; Art.-Nr.: 1073

Die Arbeitswelt fordert immer mehr Eigenverantwortung und Agilität. Neue Organisationsformen und agile Konzepte sollen den Flexibilisierungs- und Kreativitätsschub liefern, um die Probleme der VUKA-Welt schnell und effizient zu lösen. Doch all diese Versuche verfehlen oft ihr Ziel. Denn sie haben den Hauptakteur – den Menschen – aus dem Fokus verloren.

Wie lassen sich die Herausforderungen der modernen Arbeitswelt mit den Bedürfnissen des Menschen vereinbaren? Warum funktionieren die agilen Teamkonzepte out of the box nicht wirklich? Und wie gelingt es uns bei allen Unsicherheiten wieder, vom Menschen her zu denken und den Menschen in den Fokus zu rücken, weil nur so agile Teamarbeit möglich ist?

Antworten liefert Christian Polz, mehrfacher deutscher Meister im Judo. Anschaulich illustriert dieses Buch, warum Konzepte der Teamperformance regelmäßig versagen und wie wir der immer weiter um sich greifenden Entmenschlichung der Führung begegnen.

Agile Teamarbeit ist mehr als ein Organisationskonzept. Sie funktioniert nur unter Einbeziehung der Menschen. Anstatt den Druck immer weiter zu erhöhen und immer mehr auf Eigenverantwortung zu setzen, schlägt Christian Polz einen anderen Weg vor: Nur wenn die Mitarbeiter im Mittelpunkt stehen und Veränderungsprozesse und Konfliktlösungen vom Menschen her gedacht werden, können agile Weiterentwicklung und Teamarbeit gelingen.